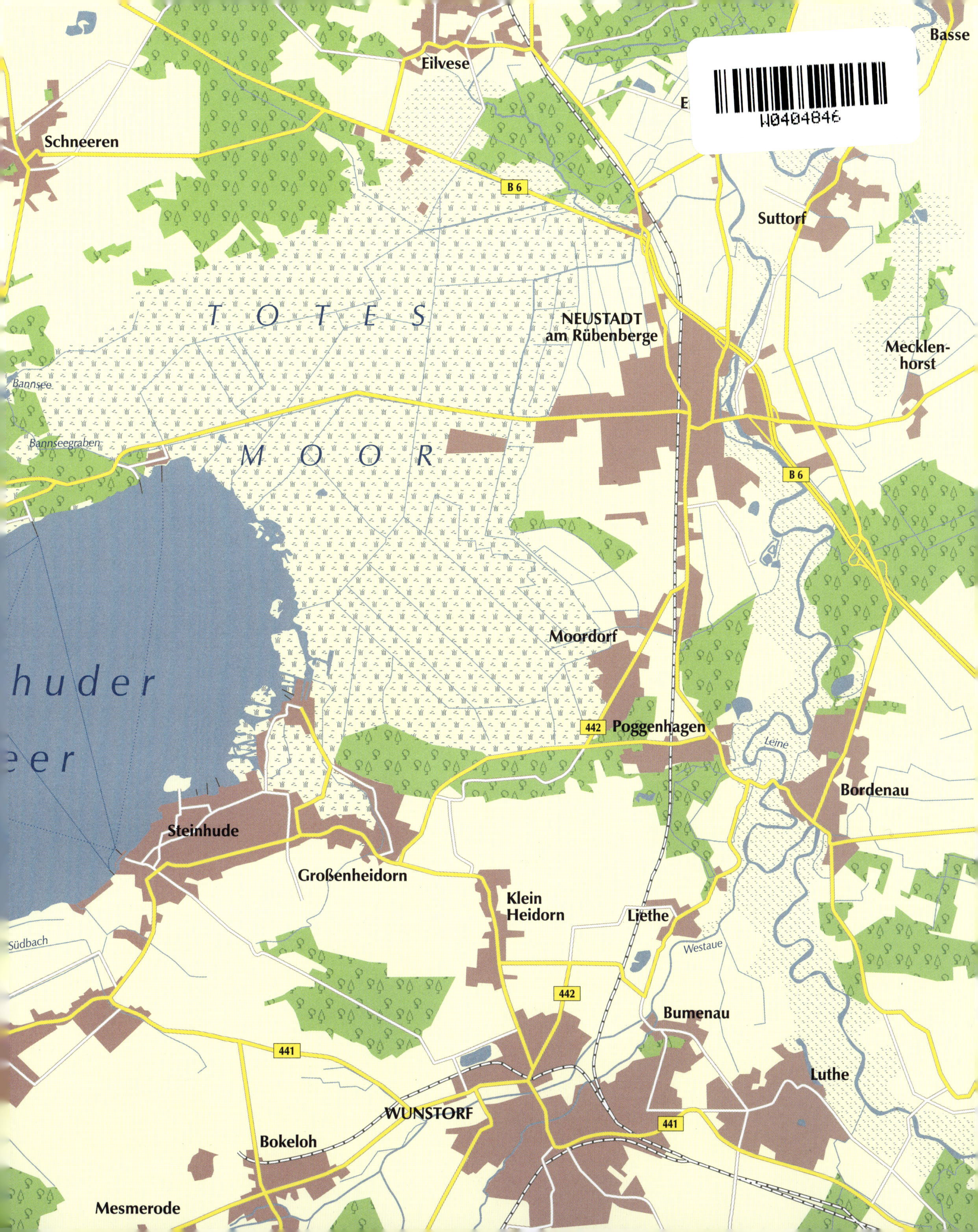

Basse
Eilvese
Schneeren
Suttorf
B 6
TOTES
MOOR
NEUSTADT
am Rübenberge
Mecklen-
horst
Bannsee
Bannseegraben
B 6
huder
eer
Moordorf
442
Poggenhagen
Leine
Bordenau
Steinhude
Großenheidorn
Klein
Heidorn
Liethe
Südbach
Westaue
442
Bumenau
441
Luthe
WUNSTORF
441
Bokeloh
Mesmerode

Das Steinhuder Meer

Bilder einer Landschaft

Die Deutsche Bibliothek verzeichnet diese Publikation in der Deutschen Nationalbibliografie; detaillierte bibliografische Daten sind im Internet unter http://dnb.ddb.de abrufbar.

Hohenlohestr. 21 – 28209 Bremen
Tel.: +49 – 421 – 34 84 30
Fax: +49 – 421 – 34 80 94
info@edition-temmen.de
www.edition-temmen.de

Gesamtherstellung: Edition Temmen

ISBN 978-3-8378-5018-5

»Natürlich: Steinhuder Meer« ist DER Slogan der engagierten Touristiker an Niedersachsens größtem See

Thomas Brandt – Bernhard Volmer

Das Steinhuder Meer

Bilder einer Landschaft

Mit 156 Abbildungen

Edition Temmen

Inhalt

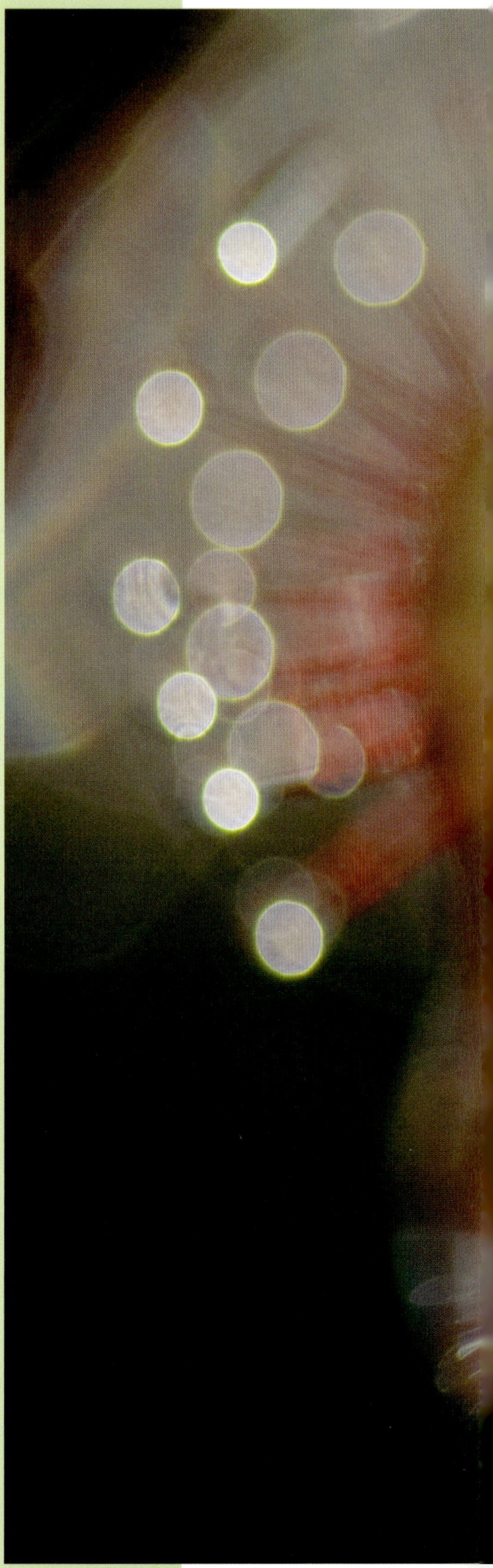

Der Sonnentau, eine kleine fleischfressende Pflanze, lebt im Hochmoor östlich des Steinhuder Meeres

Im Frühling und Sommer nutzen Schmetterlinge wie hier der Kleine Fuchs den Blütenreichtum der Meerbruchswiesen

Oben rechts:
Ein Frühlingsbote, der seinen Namen ruft: der Kuckuck

Unten rechts:
Die Insel Wilhelmstein ist das Wahrzeichen des Steinhuder Meeres und ein beliebtes Touristenziel

Das Steinhuder Meer – Bilder einer Landschaft

Das Steinhuder Meer ist mit einer Fläche von fast 30 km² der größte See Niedersachsens. Aus dem Flugzeug – hier ein Blick von Westen – ist seine ovale Form gut zu erkennen. Vorne rechts liegt das kleine und hübsche Dorf Winzlar. Zwischen dem Ort und dem See erstrecken sich die Meerbruchswiesen

Vorwort

Die Zeit ist nicht aufzuhalten, und so ist es auch an Niedersachsens größtem See, dem Steinhuder Meer. Mittlerweile ist es acht Jahre her, als wir zusammen mit Cordula Jülch den Bildband mit dem Titel »Das Steinhuder Meer – Faszination einer Landschaft« verfassten. Das Buch fand eine große Leserschaft und war schnell vergriffen. Für uns war das ein Zeichen, dass viele Mitmenschen die Begeisterung für den See und sein Umland mit uns teilen. Wir standen schließlich vor der Frage, ob das Buch neu aufgelegt werden sollte oder ob wir ein neues verfassen sollten. Mittlerweile haben sich jedoch viele Dinge verändert, die meisten aus unserer Sicht positiv. So brüten inzwischen Seeadler und Fischadler am Steinhuder Meer, der Fischotter ist zurückgekehrt, und Laubfrösche quaken wieder dort, wo sie in den 1970er Jahren ausstarben. Tourismus und Naturschutz haben sich angenähert, der Sport nimmt den Naturschutz als gesellschaftlich anerkanntes und bedeutendes Instrument zum Erhalt unserer Fauna und Flora wahr. Und auch der Naturschutz hat sich anderen Belangen stärker geöffnet. Dazu trugen vor allem neue wissenschaftliche Erkenntnisse bei, die heute ein Miteinander ermöglichen, ohne dass Tiere und Pflanzen gefährdet werden und ohne dass Sportler und Besucher unnötig eingeschränkt werden. Seitens der Naturschutzorganisationen und -behörden wurden darüber hinaus zahlreiche Möglichkeiten geschaffen, um Menschen Einblicke in die reiche Natur am Steinhuder Meer zu ermöglichen – oft genug in Zusammenarbeit mit den Touristikern. Letztere wiederum haben das Potenzial, das in der Naturvielfalt am Steinhuder Meer liegt, erkannt und sich zu eigen gemacht. So heißt der Werbeslogan des Fremdenverkehrs heute »Natürlich: Steinhuder Meer«. Das passt!

Wir entschieden uns für ein neues Buch mit ausschließlich neuen Bildern und aktuellem Text. Und wir konnten – dem Verlag Edition Temmen sei Dank – auch noch 24 Seiten mehr nutzen, um den Lesern noch mehr Einblicke in den Naturraum samt seinen Ortschaften zu ermöglichen. Wer jedoch glaubt, dass ein dickeres Buch die Schwierigkeiten bei der Bildauswahl verringert, der irrt angesichts der über 10.000 wunderschönen Fotos von Bernhard gewaltig.

Unser Dank gilt allen, die in irgendeiner Weise zum Gelingen des vorliegenden Buches beigetragen haben. Eva Lüers und Verena Lutz übernahmen Korrekturarbeiten an dem Manuskript und waren dabei wichtige Impulsgeber. Ralf Meinking war ein

Der Himmel »reißt« über der spiegelnden Wasseroberfläche auf. Ein Blick vom Beobachtungsturm am frühen Morgen verspricht immer viel Atmosphäre

geduldiger Pilot bei den Luftaufnahmen und Adelheid Volmer eine wichtige Unterstützung bei fast allen Fotoarbeiten. Inselvogt Michael Zobel unterstützte die Fotoarbeiten auf der Insel Wilhelmstein. Dem Verlag Edition Temmen danken wir für das uneingeschränkte Interesse an unserer Arbeit. Nicht zuletzt gilt unser Dank all denen, die sich seit vielen Jahren und jeder auf seine Art und Weise für den Erhalt der Natur am Steinhuder Meer unermüdlich einsetzen, allen voran Karl-Heinz Garberding, Dr. Wolf Troue und Thomas Beuster.

Viel Freude und Faszination an Bild und Text wünschen Ihnen Thomas Brandt und Bernhard Volmer

Frühling 2011

Der Sonnenaufgang über den Teichen nördlich von Hagenburg verspricht einen sonnigen Tag

Ein See mit einer jungen Geschichte

Stimmung bei jedem Wetter: vor der Strandpromenade in Steinhude

Die von Menschenhand geschaffene Insel Wilhelmstein hat eine lange Geschichte. Von 1761 bis 1765 wurde die Insel aufgeschüttet und bis 1767 schließlich die Festung erbaut. Damals hatte die Festung noch 16 Außenwerke

Das Steinhuder Meer ist – erdgeschichtlich gesehen – ein sehr junges Gewässer. Zur Zeit seiner Entstehung gab es schon lange Menschen, die vielleicht sogar generationenweise kleine Phasen der Entstehung begleiteten. Gerade einmal 12.000 Jahre ist es her, dass zum Ausklang der letzten Eiszeit die hier vorherrschenden Permafrostböden auftauten und, so die heutige Theorie, eine Eislinse im Boden schmolz und die Landschaft dort sacken ließ, wo heute das Steinhuder Meer liegt. Winde bliesen Sand aus der entstehenden Senke und lagerten ihn dort ab, wo wir noch heute nördlich des Sees bei Mardorf Dünen finden.

Zweifellos sah es hier noch ganz anders aus, als die Landschaft entstand, etwa so wie heute im Norden Skandinaviens oder im nördlichen Sibirien. Die Vegetation bestand zunächst aus der typischen Tundrenflora, wie wir sie heute aus dem hohen Norden Europas kennen, dann folgten Wälder mit Birken und Kiefern und schließlich mit steigenden Temperaturen Wälder wie unsere heutigen.

Irgendwann im Verlauf dieser Entstehungsgeschichte besiedelten neben Tier- und Pflanzenarten, die wir heute zum Teil nicht mehr finden können, auch Menschen mit einfachsten Mitteln die Seeufer. Eine große Wasserfläche, eine hochwassersichere Landschaft direkt angrenzend und Wälder versprachen reichlich Nahrung, Baustoffe und damit in einer harten Zeit die Sicherheit zum Überleben. Das Steinhuder Meer – damals noch fast bis an die heutigen Ortschaften Winzlar und Hagenburg reichend – war um die Hälfte größer als heute und versumpfte im Westen und Süden, also im Windschatten. Dort entstanden Sümpfe und Bruchwälder, die für die Menschen vermutlich unbesiedelbar waren. Das Wasser stand dort bis in den Sommer zwischen knietief und hüfthoch über moorigen Böden, in denen man leicht versinken konnte. Überbleibsel dieser eindrucksvollen und heute seltenen Landschaft kann man noch sehen, zum Beispiel auf den Wegen zu den Beobachtungstürmen am Ost- und Westufer. Doch dazu später.

Östlich des Sees entstand zeitgleich zum Steinhuder Meer fast direkt angrenzend das Tote Moor. Auch hier lag anfangs ein großer See, der aber viel schneller verlandete und versumpfte als das Steinhuder Meer und aus dem letztlich das Hochmoor entstand. Auch dieses Hochmoor mit seinen weichen wassergesättigten Torfböden war kein geeigneter Lebensraum für Menschen, sondern eher ein unheilvoller Ort, den man mied oder dessen Ränder man bestenfalls als Kult- und Opferstätte nutzte.

Aber es gab auch andere, sichere Plätze am Steinhuder Meer, und zwar am Südost- und

Oben:
Das Großenheidorner Strandbad aus der Luft

Mitte:
Wenn der Fisch auch selten aus dem Steinhuder Meer kommt, geräucherter Aal ist eine Delikatesse am See

Unten:
Segelboote und Stege bestimmen das Bild in Steinhude und – wie hier – in Mardorf

am Nordufer. Dort siedelten sich Menschen an, und später entstanden dort die Ortschaften Steinhude und, im Norden etwas weiter abseits, Mardorf. Beide Orte entwickelten sich und wuchsen bis heute. Noch etwas weiter abseits bildeten sich die Ortschaften Hagenburg und, heute etwa zwei Kilometer vom Seeufer entfernt, Winzlar. In der Niederung des heutigen Meerbachs, in der das überschüssige Wasser aus dem Steinhuder Meer seit Jahrhunderten oder sogar Jahrtausenden in westliche Richtung abgeleitet wird, wuchs Rehburg heran. Abseits des östlichen Randes des Toten Moores entstand Neustadt am Rübenberge, sicher aufgrund der günstigen und für die Menschen wichtigen Lage am Leine-Fluss. Heute reicht Neustadt bis an das Tote Moor heran.

Die Stadt Wunstorf liegt außerhalb des in diesem Buch beschriebenen Landschaftsraums. Sie ist aber heute für das Steinhuder Meer von Bedeutung, weil Niedersachsens größter See seit der Gebietsreform 1974 der Stadt Wunstorf und somit der Region Hannover angehört.

Die Uferzone am Ostufer des Sees ist Naturschutzgebiet. Wasser, Röhricht und Weidenbüsche zeigen ein vielgestaltiges Miteinander und sind Heimat vieler seltener Tiere

Natur- und Kulturlandschaft liegen dicht beieinander. Zwischen Hagenburg und dem Südufer liegen sumpfige Bruchwälder, Feuchtwiesen und künstliche Teiche. In der Bildmitte ist der Hagenburger Kanal zu sehen, der früher eine hohe Bedeutung als Verbindung zwischen Schloss Hagenburg und der Insel Wilhelmstein hatte

Heute ist Steinhude das Hauptzentrum am Steinhuder Meer. Links der Bildmitte ist das Scheunenviertel zu sehen, in dem auch der Naturpark sein Informationsgebäude hat. Darüber liegt am Seeufer die 1939 eingeweihte Strandpromenade

Wie aus einem See ein Meer wurde – das Steinhuder Meer heute

Natur und Sport vereint: Diese Graugansfamilie ist mit den Segelbooten vertraut

Oben:
Von Steinhude aus sind die schönsten aller Sonnenuntergänge zu sehen

Mitte:
Eine Rundfahrt über den See lohnt sich sowohl mit den großen Ausflugsschiffen als auch mit den kleineren »Auswanderern«

Unten:
Rund um den See führt ein gut ausgeschilderter, ca. 32 Kilometer langer Rundweg

Warum heißt ein See mitten im niedersächsischen Binnenland »Meer«? Seichte binnenländische Gewässer wurden im Niederdeutschen früher als »mer« bezeichnet, von dem sich dann auch der Name des Steinhuder Meeres ableitet. Mit seinen 30 Quadratkilometern ist das Steinhuder Meer das größte Binnengewässer Niedersachsens. Umgeben von Mooren und Feuchtwiesen bettet es sich in eine Niederung nördlich der Rehburger Berge. Durch Verlandung, die über Tausende von Jahren dauerte, schrumpfte der See auf die heutige Größe. Seine geringe Tiefe hatte er allerdings schon früher: Im Durchschnitt ist er nur etwa eineinhalb Meter tief, an der tiefsten Stelle dürften es heute keine drei Meter mehr sein. Für Badegäste ist das angenehm, denn das Wasser erwärmt sich schnell. Und auch die Schlittschuhläufer und Eissegler, die es in kalten Wintern zu Tausenden an den See zieht, profitieren von der geringen Wassermasse im Verhältnis zur großen Seeoberfläche, denn nach nur wenigen kalten Tagen bedeckt sie eine Eisschicht.

Das Wasser des Steinhuder Meeres liefern vor allem Quellen am Seegrund. Darüber hinaus bringen nur wenige kleine oberirdische Zuflüsse Wasser aus den südwestlich angrenzenden Rehburger Bergen und aus dem östlich an den See grenzenden Toten Moor. Der Wasserüberschuss fließt über den Meerbach ab, quer durch die an den See grenzenden Meerbruchswiesen, durch Rehburg hindurch und rund 20 Kilometer weiter nördlich in Nienburg in die Weser. In Seenähe zeigt sich der Bach noch sehr naturnah und ist beidseitig mit Weiden, Schwarzerlen, Birken und anderen Gehölzen bewachsen.

Moderne Informationsstationen wie hier in Mardorf geben umfangreich Auskunft über das Steinhuder Meer – natürlich

Veränderungen

Früher hinterließen die wenigen Bewohner am Steinhuder Meer nur geringfügig Spuren. Vor allem in den letzten hundert Jahren prägte menschliches Schaffen aber zunehmend den See und sein Umfeld, was auch im Gewässer zu massiven Veränderungen führte.

Der Eintrag von Abwässern reicherte den See mit Nährstoffen an. Infolge des eintretenden starken Algenwachstums starb in den 1950er Jahren fast die gesamte Unterwasservegetation ab. Die Teileindeichung des Sees und der Einbau eines Wehres in den Meerbach stellten zusätzlich enorme Eingriffe in die natürliche Gewässerdynamik dar. Ein weiteres Beispiel für die starken Veränderungen ist der Bau der bis an das Wasser heranreichenden Strandpromenaden an den touristisch intensiv genutzten Nord- und Südufern. Durch den Bau großzügiger Steganlagen für mehr als 5.000 Segelboote wurden Pflanzen und Tiere zurückgedrängt.

Der Seeadler avancierte zum Aushängeschild des Naturschutzes am Steinhuder Meer. Eine naturverträgliche Wegeplanung und geschickte Besucherlenkung machen hier ein Miteinander von Tourismus und den scheuen Vögeln möglich. Die größten heimischen Greifvögel brüten seit der Jahrtausendwende am Steinhuder Meer. Zu sehen ist der »König der Lüfte« während der Brutzeit in den Meerbruchswiesen. Dort haben Naturschützer ein Fernrohr aufgestellt, durch das die Vögel aus gebührender Distanz auf ihrem Nest zu sehen sind

Auf dem See nicht zu übersehen sind die charismatischen Haubentaucher. Der Nachwuchs wird in den ersten Lebenswochen auf den Rücken der Altvögel transportiert

Wegen der immer stärkeren Freizeitnutzung wurden ein Badestrand, eine künstliche Badeinsel und eine Surfeinsatzstelle eingerichtet, um den Besucherverkehr, besonders aus dem nahe gelegenen Hannover und Westfalen, zu lenken und der Natur an anderer Stelle wieder Raum zu schaffen. Nicht zuletzt sorgte die Fischerei durch den Einsatz standortfremder Fischarten, wie Zander und den heute vermutlich wieder verschwundenen Stint, für eine Verfremdung der ursprünglichen Fischfauna.

Einige Tierarten hatten besonders unter dem Menschen zu leiden. So wurden allein im Sommer 1939 rund 500 Haubentaucher getötet, heute die Lieblinge vieler Touristen. Die Vögel verschluckten die Haken der von Fischern ausgebrachten Aalschnüre und ertranken. Und selbst im Jahr 1999 wurden noch die Nestbäume einer kleinen Kormorankolonie von Unbekannten gefällt und die Jungvögel getötet – mitten in einem Naturschutzgebiet!

Die Liste dessen, was der Lebensraum Steinhuder Meer alles verkraften musste, ist noch um Vieles verlängerbar. Trotz dieser Eingriffe haben wir es aber noch heute mit einer faszinierenden, in großen Teilen noch naturbelassenen oder durch Naturschutzmaßnahmen wieder natürlich gestalteten Landschaft zu tun, die Gäste aus allen Teilen Deutschlands an das Steinhuder Meer lockt. Die Vielfalt der Lebensräume beheimatet eine stattliche Zahl überregional gefährdeter Tier- und Pflanzenarten. Vor allem die große Seefläche und die Feuchtwiesen westlich des Sees dienen Hunderttausenden von Zugvögeln als wichtiger Rastplatz oder als Überwinterungsgebiet. Aber auch die Ästhetik und Lieblichkeit dieser Landschaft, die an der Schwelle der deutschen Mittelgebirge zum norddeutschen Tiefland hin in einer Niederung eingebettet ist, machen diesen Naturraum zu einer Kostbarkeit.

Europaweit bedeutsames Schutzgebiet

Das Land Niedersachsen stand vor der Verpflichtung, einerseits den Nutzungsanspruch der Bevölkerung zu berücksichtigen, andererseits den Naturraum Steinhuder Meer nachhaltig zu schützen. Dem kam man nach. Heute genießt das Steinhuder Meer einen über seine Grenzen hinausreichenden Schutz, unter anderem als Bestandteil des europäischen Schutzgebietsnetzes mit dem Namen »Natura 2000«.

Ein Beispiel für ein verträgliches Miteinander ist die Befahrensregelung. Sie sieht vor, dass die Seefläche des Steinhuder Meeres von November bis Frühlingsanfang bis auf wenige Ausnahmen nicht mit Booten und Surfbrettern befahren werden darf. Der Grund: Zu dieser Zeit besiedeln bis zu 40.000 Wasservögel die Seefläche. Dagegen ist während der wärmeren Monate das Segeln und Surfen außerhalb der Naturschutzgebiete erlaubt, also auf etwa 95 Prozent der Wasserfläche.

Oben:
Während das auf der Brust dunkel gefärbte Fischadlerweibchen aufgeregt mit den Flügeln schlägt, …

Unten:
… fängt das Männchen einen Fisch, den es dem Weibchen kurze Zeit später als »Brautgeschenk« bringen wird

Ein See im jüngsten Wandel

Zurzeit befindet sich das Steinhuder Meer in einem sichtbaren ökologischen Wandel. Im Mai 1999 klarte der seit Jahrzehnten trübe See innerhalb weniger Tage auf und stellte Wissenschaftler vor ein Rätsel. Die Kombination bzw. Aufeinanderfolge von Veränderungen in der Wasserchemie, extreme Licht- und Klimabedingungen, das Verschwinden der wassertrübenden Blaualgen und letztlich die Massenentwicklung filtrierender Kleinkrebse waren wohl der Grund dafür, dass man den Seeboden noch im zwei Meter tiefen Wasser wieder sehen konnte.

Neben den anfänglichen Freuden über das klare Wasser brachte die Veränderung für den ein oder anderen Nutzer einen unerwünschten Nebeneffekt. Denn das klare Wasser ließ das Sonnenlicht tiefer in den See hineinstrahlen, sodass ab Sommer 2001

Fischadler sind in Niedersachsen sehr seltene Brutvögel. 2010 brüteten zwei von landesweit nur zehn Brutpaaren am Steinhuder Meer. Beide brüteten auf speziell für sie errichteten Kunstnestern, denn Fischadler finden in der heutigen Landschaft nur noch äußerst selten natürliche Nistplatzmöglichkeiten

ein starkes Wachstum an Unterwasserpflanzen zu beobachten war. Zunächst bewuchs über zwei Jahre die nordamerikanische und nach Deutschland eingeschleppte Nuttalls-Wasserpest einen großen Teil der Wasserfläche. Dem immensen Wachstum folgte prompt eine unendliche Schar Wasserpflanzen fressender Vögel. Über 20.000 Blässhühner, mehr als 10.000 Pfeifenten und Hunderte Sing-, Zwerg- und Höckerschwäne bearbeiteten die Pflanzenmassen. Die unzähligen Kleintiere, die sich im Schutz der Wasserpflanzen aufhielten, zogen außerdem in großer Zahl Löffel-, Schnatter- und Stockenten sowie die seltenen Schwarzhalstaucher an. Alle diese Pflanzenfresser waren vielleicht der Hauptgrund, zumindest aber die sichtbarste Ursache für das Ende des »Spuks«. Im Mai 2003 war die Wasserpest bis auf wenige Reste verschwunden. Vergleichsweise unproblematisch, wenn auch nicht an jeder Stelle als angenehm empfunden, war die anschließende Vermehrung heimischer und für einen klaren See typischer Pflanzen wie das Krause-Laichkraut und das Stängelumfassende Laichkraut. Was gut als Laichplatz und Versteck für die Fische war, hing allerdings auch in so manchem Steuerruder. In den letzten Jahren nahm der Bestand der Wasserpflanzen wieder ab, und im Jahr 2010 war der See wieder trüb und der Boden selbst im flachen Wasser nicht zu sehen. Der See ist eben ein dynamisches System, das wir bis heute nicht komplett verstanden haben.

Die Höckerschwanfamilie präsentiert sich. Am Steinhuder Meer brütet ein halbes Dutzend der größten Wasservögel. Dazu gesellt sich eine von Jahr zu Jahr stark schwankende Zahl nicht brütender Schwäne

Am Ufer entlang

Das Ufer des Steinhuder Meeres ist sehr vielgestaltig. Am westlichen und nördlichen Ufer stehen zumeist Bäume direkt am Wasser, am Ostufer sind es mehr oder weniger breite Schilfbereiche, die den Übergang zwischen Wasser und Land bilden. Diese bestehen zum See hin aus einer schmalen Zone von wasserdurchströmtem Röhricht. Hier sind Haubentaucher, Tafelente und Löffelente zu Hause. In Frühling und Sommer übertönt tagsüber der Gesang Hunderter Teichrohrsänger die Stimmen der seltenen Bartmeisen, Blaukehlchen, Rohrschwirle und Schilfrohrsänger. Dazwischen ist das einfache Lied der Rohrammern zu hören. Nachts dominiert hier die Wasserralle mit ihren heiser quiekenden Rufen die Geräuschkulisse. Sie hat am Steinhuder Meer eines ihrer größten Vorkommen in Niedersachsen und ist bei günstiger Witterung über 500 Meter weit zu hören. Viel seltener, aber noch weiter zu hören, sind die Rufe der kleineren Tüpfelsumpfhühner.

Oben:
Ein bunter und dennoch heimlicher Sänger im Schilf ist das Blaukehlchen

Mitte:
Unter Wasser leben Millionen Fische. Die hier abgebildete Rotfeder ist im Steinhuder Meer im Gegensatz zum ähnlichen Rotauge selten

Unten:
Die kleinen Reiherenten sind vor allem zur Zugzeit häufige Gäste auf dem Steinhuder Meer. Einige Paare brüten versteckt im Schilf

Die Schilfzonen wie hier im Naturschutzgebiet Ostufer sind ein wichtiger Brut- und Rastplatz für scheue Vögel. Hier müssen sie vom Menschen ungestört leben dürfen

Graureiher und Stockenten gehören zu den häufigen Vögeln am Steinhuder Meer. Sie sind wie hier in Steinhude auch in der Nähe des Menschen zu sehen

Fischotter – Rückkehr nach 50 Jahren?

Im April 2010 lenkten unscheinbare Spuren, die sich unter Brücken und an exponierten Uferbereichen des Steinhuder Meeres und auch an den nahe gelegenen Bächen und Gräben fanden, die Aufmerksamkeit von Wissenschaftlern auf sich. Es waren Spuren von Fischottern. Die seltene und besonders scheue Marderart war am Steinhuder Meer in den 1950er oder 1960er Jahren verschwunden. Damals wurden die Fischjäger noch rücksichtslos als Schädlinge verfolgt, viele, so berichten Augenzeugen, ertranken außerdem in den damals sehr zahlreichen Fischreusen. Ende des letzten Jahrhunderts fanden Biologen immer wieder einmal einzelne Spuren, aber jeweils nur für kurze Zeit. Da das Steinhuder Meer einen idealen Lebensraum für den gewandten Taucher darstellt, dürften die Tiere wohl umgekommen sein. Nun aber verdichteten sich die Beobachtungen im Jahr 2010 wieder. Neben den gefundenen Spuren – Fährten und Kotmarkierungen – lieferten versteckt aufgestellte Fotofallen zahlreiche Bilder und zuverlässige Informationen über die heute wieder willkommenen Rückkehrer. Im Oktober 2010 lieferte eine Fotofalle schließlich ein Bild von zwei Ottern. Dabei handelte es sich um ein Weibchen mit ihrem Nachwuchs ...

Während die Otter im See und in seinen Nebengewässern ein üppiges Nahrungsangebot vorfinden und unzählige Verstecke nutzen können, lauern immer noch Gefahren auf sie, denn noch heute liegen an den Seeufern Fischfangreusen, in denen sich die Taucher verirren und schließlich ertrinken können. Aber es gibt gute und preisgünstige Möglichkeiten, Reusen für Otter ungefährlich zu machen, zum Beispiel durch großmaschige, rautenförmige Eingangsgitter, durch die Otter nicht hindurchpassen, wohl aber die gewünschten Fische. Das muss allerdings bald passieren, denn sonst sind die Steinhuder-Meer-Otter schneller wieder verschwunden als sie zurückgekommen sind.

Oben:
Häufiger als man glaubt überqueren Fischotter auch das Land. Ihre Fährten sind markant und geben Biologen Hinweise über ihre Aufenthaltsorte

Unten:
Tagsüber sind die meist nacht- und dämmerungsaktiven Otter nur sehr selten zu sehen. Mit einer Länge von rund einem Meter und einem Gewicht von bis zu zehn Kilogramm gehören sie zu den größten Säugetieren am Steinhuder Meer

Links:
Fischotter haben ein dichtes Fell. Kälte und Schnee können ihnen nicht viel anhaben. Für sie gefährlicher sind der Straßenverkehr und ungesicherte Fischfangreusen

Oben:
Die Inselfestung Wilhelmstein beherbergt heute ein interessantes Museum

Unten:
An den Stegen Steinhudes und Mardorfs liegen heute rund 4000 Segelboote

Wandern, baden und segeln – Freizeitvergnügen

Das Steinhuder Meer ist aber nicht nur für seine Naturschätze bekannt, sondern auch als beliebtes Ausflugsziel und Sportstätte. Viele Tausend Besucher kommen an sonnigen Tagen an den See, um sich in der Natur zu erholen, im See zu baden, auf dem See zu segeln oder zu surfen. Manch einer »erobert« die Insel Wilhelmstein mit einem Fahrgastschiff oder den kleineren, offenen Booten, den sogenannten Auswanderern. Bei Familien sind Ferien auf dem Bauernhof beliebt und eine Abwechslung vom Alltäglichen. Ein schöner, gut ausgeschilderter Rundweg führt auf etwa 30 Kilometer Länge rund um den See und ermöglicht zusätzliche Einblicke in das Tote Moor und die Feuchtwiesen. Zahlreiche Hinweisschilder hier und da informieren ausführlich über das Steinhuder Meer und sein Umland, und man gewinnt den Eindruck, dass Naturschutz und Freizeitnutzung sich nicht ausschließen müssen. Heute lautet das Motto des Tourismus »Natürlich: Steinhuder Meer«. Man hat das Potenzial der Landschaft erkannt und sich den Naturschutz zum Bündnispartner gemacht. Aus dem Bündnis entstanden eine für Gäste und Einheimische ideale Wegeführung und Infrastruktur, die ein Naturerleben ermöglichen, wie es andernorts selten ist. So sind heute mehrere Aussichtstürme und Beobachtungshütten die Attraktion von Naturliebhabern, weil man von dort aus – ohne selbst zu stören – Kraniche, Adler und viele andere seltene Tiere beobachten kann. Und auch die Forderungen des Sports haben sich an die Ansprüche der Natur angepasst. Das Winterbefahrensverbot zum Schutz der vielen überwinternden und rastenden Vögel wird beispielsweise nicht mehr grundsätzlich infrage gestellt, und die meisten Sportler halten sich heute an die aufgestellten Spielregeln zum Schutz der Natur. Von dem großen Medieninteresse an den Projekten und den Erfolgen des Naturschutzes profitieren alle, nicht zuletzt der Fremdenverkehr.

Mit den »Auswanderern«, gelangt man zur Insel Wilhelmstein

In strengen Wintern ist das zugefrorene Steinhuder Meer eine ideale Piste für Eissegler und häufig Austragungsort für Eissegelwettbewerbe

Surfen mit einem Lenkdrachen, das sogenannte Kite-Surfen, ist ein beliebter Sport am Mardorfer Surfstrand

Badefreuden in Mardorf am Nordufer des Steinhuder Meeres. Das flache Wasser vor dem Sandstrand im See ist perfekt für kleine Kinder und Nichtschwimmer

Auch die Badeinsel in Steinhude ist im Sommer ein Paradies für Familien und Badefreunde

Die 1974 eröffnete Badeinsel vor Steinhude wurde eigens aufgeschüttet, um mehr Freizeitmöglichkeiten zu schaffen. Frühmorgens ist der Strand noch leer

Die sumpfigen Wälder vom Steinhuder Meer

Unmittelbar an das Steinhuder Meer grenzen großflächig skurrile, sumpfige Wälder, die in Niedersachsen ihresgleichen suchen. Im Winter stehen sie fast komplett unter Wasser. Im Mai, wenn der Wasserstand bereits zurückgegangen ist, blühen in den verbliebenen Wasserflächen die hübschen Wasserfedern

In den Gebüschen am Rand der Bruchwälder leben Nachtigallen. Anders als ihr Name vermuten lässt, ist ihr Gesang von Mitte April bis Ende Mai auch tagsüber zu hören

Wie schon erwähnt, grenzen in vielen Bereichen Wälder an den See. Sie unterscheiden sich stark von dem, was man allgemein unter Wald versteht und für den sonntäglichen Spaziergang als Ausflugsziel wählt. Es sind sumpfige Wälder, meist mit Schwarzerlen bewachsen, die im Winter, wenn das Steinhuder Meer seinen maximalen Wasserstand hat, stellenweise oberschenkelhoch unter Wasser stehen. Es dauert den gesamten Frühling, bis in diesen Wäldern stellenweise trockener Boden zu sehen ist. Aber hier trügt der Schein, denn unter einer dünnen und unterschiedlich stark saftig grün bewachsenen Schicht liegt eine meterhohe Schicht aus butterweichem und dauerfeuchtem Niedermoortorf und nasser Mudde.

Der Boden in den Bruchwäldern besteht fast ausschließlich aus abgestorbenen Pflanzenresten, den sogenannten Torfen. Anders als der eher bekannte Hochmoortorf ist der als Niedermoortorf bezeichnete Boden stärker zersetzt und schwarz. Noch heute werden die seenahen Wälder im Winter vom See überschwemmt.

Niedermoore, auch Flachmoore genannt, haben aber viele verschiedene Gesichter und können, wie in den Uferbereichen des Steinhuder Meeres, nicht nur mit Erlenbruchwäldern, sondern auch mit Seggensümpfen oder Schilfröhrichten bewachsen sein. Aber auch die Feuchtwiesen rund um das Steinhuder Meer wachsen auf Niedermoorböden, denn unsere Vorfahren waren über Jahrhunderte darum bemüht, die Niedermoore zu entwässern und die ursprüngliche Vegetation zu beseitigen, um Nutzland zu schaffen. Da die Feuchtwiesen einen eigenen Charakter und eine eigene Lebensgemeinschaft haben, widmen wir ihnen an späterer Stelle ein eigenes Kapitel.

Wunderschön sind die filigranen Blütenblätter des selten gewordenen Fieberklees. In Bruchwäldern und Sümpfen kann man ihn heute noch finden

Ab Ende Mai sind die gelben Blüten der Schwertlilie ein begehrtes Fotomotiv

Schwertlilien lieben staunasse und feuchte Böden. In den sumpfigen Wäldern bilden sie große Bestände

Moorfrösche sind selten geworden. Sie leben vor allem in nassen Wäldern und feuchten Wiesen. Zur Balzzeit, je nach Witterung Ende März bis Ende April, sind die Männchen blau gefärbt

Urwald unter Wasser

Mit den Erlenbruchwäldern finden wir die natürlichsten Lebensräume am Steinhuder Meer. Diese Wälder sind seit vielen Jahrzehnten ungenutzt und unberührt geblieben und haben heute, vor allem in Seenähe, Ähnlichkeit mit Urwäldern.

Im zeitigen Frühling ist nicht nur das tiefe Blubbern der Moorfrösche aus dem Wasser zu hören. Auch die Stockwerke über dem Wasser sind von Leben erfüllt. Erlenbruchwälder gehören zu den vogelreichsten Lebensräumen Mitteleuropas. In der Verlandungszone des Steinhuder Meeres bauen Schwarz-, Grün-, Bunt- und Kleinspecht in tagelanger Arbeit ihre Höhlen in die Stämme von Schwarzerlen oder der wenigen anderen Baumarten des Bruchwaldes. Es ist schon ein ungewöhnliches Bild, wenn Spechte über Wasser aus einer Höhle schauen. Auch die unscheinbaren Grauschnäpper, die braun-weißen Trauerschnäpper, die verschiedenen Meisenarten und die spechtähnlichen Kleiber fühlen sich im Bruchwald wohl. Sie bewohnen die ehemaligen Spechthöhlen als »Nachmieter«, da sie selber nicht in der Lage sind, Höhlen zu bauen.

Im dichten Unterwuchs des Waldes stimmen die Künstler unter den Sängern ihre Lieder an: Mönchsgrasmücke, Gelbspötter, Rotkehlchen und Zaunkönig. Aus den Baumkronen sind die Lieder von Pirol, Singdrossel und Amsel zu hören. In dieser naturnahen, urwaldartigen Verlandungszone am Steinhuder Meer konnten Forscher mit über 40 Waldvogelarten einen enormen Artenreichtum bei einer gleichzeitig hohen Vogeldichte nachweisen.

Aber auch Säugetiere sind in diesem Lebensraum zu finden. Baummarder laufen oder springen von Ast zu Ast, von Baum zu Baum, Wildschweine wühlen im Schlamm, Füchse waten auf der Suche nach Fressbarem durch das Wasser, und selbst Rehe äsen, im Wasser stehend, an den üppig wachsenden Kräutern. Neuerdings jagen nach über 100 Jahren Abwesenheit wieder Europäische Nerze nach Kleintieren. Die weltweit stark gefährdeten Tiere stammen aus einem Wiederansiedlungsprojekt (siehe Themenkasten auf Seite 54). Dort wo Sonnenstrahlen auf den Boden oder auf flaches Wasser treffen, sonnen sich die grazilen, dunkelgrauen Ringelnattern. Die Ringelnatter ist die häufigste der drei Schlangenarten am Steinhuder Meer und die einzige, die regelmäßig das Wasser aufsucht. Im Bruchwald ernährt sie sich hauptsächlich von Kaulquappen und den zahlreichen kleinen Moorfröschen.

Der Europäische Nerz – ein Fall von Wiedergutmachung

Am Steinhuder Meer sind die sumpfigen Wälder der beliebteste Lebensraum der Europäischen Nerze, die im Rahmen eines wissenschaftlich begleiteten Projektes von mehreren Institutionen am Steinhuder Meer seit 2010 wieder angesiedelt werden. Unter der Trägerschaft der Region Hannover, finanziert vom Niedersächsischen Ministerium für Umwelt und Reaktorsicherheit, führt die Ökologische Schutzstation Steinhuder Meer (ÖSSM e.V.) das Projekt durch. Die seltenen Tiere, die für die Wiederansiedlung zur Verfügung stehen, stammen aus der Zucht des Vereins EuroNerz, einer Organisation, die sich der Erhaltungszucht dieser weltweit stark gefährdeten Tierart verschrieben hat und die wiederum mit zahlreichen Tierparks und Zoos zusammenarbeitet. Zu den Kooperationspartnern gehört auch die in der Nähe liegende Wildtier- und Artenschutzstation Sachsenhagen (WASS), die Nerze speziell für das Wiederansiedlungsprojekt am Steinhuder Meer nachzüchtet.

Der Europäsche Nerz, nicht zu verwechseln mit dem äußerlich ähnlichen, aus Nordamerika stammenden und heute vielerorts als Pelztier gezüchteten Mink (Farmnerz), erlitt in Deutschland ein schlimmes Schicksal. Die direkte Verfolgung als Pelztier und die für diese anspruchsvolle Tierart erheblichen Lebensraumveränderungen durch eine zunehmende Nutzung – ermöglicht durch umfangreiche Trockenlegungen und Rodungen – machten dem niedlichen »Sumpfmarder« den Garaus. 1925 beobachtete man innerhalb der deutschen Grenzen die Letzten ihrer Art, übrigens gar nicht so weit entfernt vom Steinhuder Meer, an der niedersächsischen Aller.

Während sich die Lebensbedingungen für viele Tier- und Pflanzenarten bis heute stetig verschlechtert haben, änderte sich die Landschaft für den Europäischen Nerz mancherorts wieder zum Besseren, auch am Steinhuder Meer. Seit die Nutzung der unrentablen, oft sumpfigen Flächen aufgegeben wurde und vor allem durch zahlreiche Naturschutzmaßnahmen, wie großflächige Renaturierungen, entstanden nach dem Verschwinden der Nerze neue Lebensräume. Nur: Die Tierart war verschwunden und konnte auf natürlichem Wege nicht mehr einwandern, denn die nächsten Vorkommen überlebten Tausende von Kilometern entfernt. Und auch um diese Restvorkommen ist es leider meist nicht zum Besten bestellt. Deswegen startete man 2010 den mit großem Medieninteresse verfolgten Versuch einer Wiederansiedlung am Steinhuder Meer. Nerzkundige Wissenschaftler gehen davon aus, dass die Sümpfe hier so großflächig geeignet sind, dass sich eine stabile Population dieser Tierart bilden kann. Das bleibt diesen anmutigen, zierlichen Tieren unbedingt zu wünschen.

Der Europäische Nerz starb im letzten Jahrhundert in ganz Deutschland aus. Mittlerweile ist die Tierart sogar weltweit stark gefährdet. Jetzt soll der kleine Sumpfmarder am Steinhuder Meer wieder eine Heimat finden

Die Luft ist rein. Nerz »Ingo« ist einer der ersten Europäischen Nerze, die am Steinhuder Meer freigelassen werden, …

… und er verschafft sich zunächst einen Überblick über die neue Heimat

Die angesiedelten Nerze tragen kleine Sender. Mit Antenne und Empfänger gewinnen die Wissenschaftler der Ökologischen Schutzstation Steinhuder Meer somit wichtige Informationen über den Verbleib und die Gewohnheiten der versteckt lebenden Tiere

Wasser, Büsche und Bäume wild durcheinander – das ist typischer Nerzlebensraum am Steinhuder Meer. Hier wären die kaninchengroßen Tiere ohne Technik nicht zu finden

Im Hochmoor – Fleischfressende Pflanzen und der König der Moore

Hochmoore brauchen Wasser. Dank umfangreicher Wiedervernässungsmaßnahmen kann das Tote Moor östlich des Steinhuder Meeres stellenweise wieder leben

In den nassen Bereichen des Toten Moores fruchtet im Mai das in Bulten wachsende Scheidige Wollgras

»Das Grosse Torf Moor – eine morastige Wüste«, so ist das Tote Moor in einer alten Landkarte von 1770 beschriftet, die von dem Geografen und Ingenieur Jakob C. Praetorius gezeichnet wurde. Die Karte zeigt eine rund 30 Quadratkilometer große, unzerschnittene Fläche am Ostufer des Steinhuder Meeres. An ihrem Rand sind allerdings schon erste Kultivierungsversuche in Form von Entwässerungsgräben, Torfstichen und »Torf Canälen« erkennbar. Mitten in der Darstellung der »morastigen Wüste« sind einige kleine Wasserflächen zu sehen. Ihre Ufer waren wohl mit Bäumen bewachsen. Kleine Wasserläufe und ein Hügel erscheinen nur angedeutet. Das ganze Moor wirkt in der ansonsten erstaunlich exakten Karte etwas lieblos. Kein Wunder, denn sicher war es zur damaligen Zeit kein Vergnügen, sondern eher gefährlich, in dem Hochmoor herumzulaufen.

Hochmoore gehören heute zu den bedrohten Lebensräumen in Mitteleuropa überhaupt. Natürliche oder naturnahe Hochmoore gibt es in Deutschland nur noch kleinflächig, denn Entwässerung, Torfabbau und landwirtschaftliche Nutzung haben sich zerstörerisch ausgewirkt. So sind auch die hochmoortypische und spezialisierte Fauna und Flora stark gefährdet. Unter den heimischen Tier- und Pflanzenarten sind einige auf diesen extremen Lebensraum mit seiner Nährstoffarmut, seinen sauren Gewässern und den täglichen Temperaturschwankungen angewiesen.

Ähnlich wie dem Toten Moor erging es auch den meisten anderen Hochmooren in der norddeutschen Tiefebene. Immerhin machten sie zusammen mit einer Gesamtfläche von einstmals fast 2.500 Quadratkilometern über fünf Prozent des Bundeslandes Niedersachsen aus. Davon waren schon zu Beginn der 1980er Jahre nur noch etwa 122 Quadratkilometer übrig, heute dürfte es noch viel weniger sein.

Not macht erfinderisch – Pflanzen, die Fliegen fressen

In einigen heute streng geschützten Teilbereichen des Toten Moores konnten typische Hochmoorpflanzen und -tiere überleben. Der Betrachter findet bei genauem Hinsehen im Mikrokosmos Hochmoor je nach Standortfeuchtigkeit unterschiedliche Pflanzen: In den besonders nassen Bereichen wachsen die Torfmoose, die, je nach Art, wiederum verschiedene Vorlieben hinsichtlich des Nässegrades zeigen. Auf den Moospolstern wächst die bekannteste aller Moorpflanzen, der Sonnentau.

Im Toten Moor leben der Rundblättrige Sonnentau mit seinen kochlöffelartigen Blättern und der schlankblättrige Mittlere Sonnentau. Beide sind klein und bei einem flüchtigen Blick über das Hochmoor nicht zu sehen. Bei genauer Suche wird man aber in den naturnahen Hochmoorbereichen ab Mai die rötlichen Blätter finden. Die Sonnentaue haben das Problem der Nährstoffknappheit im Hochmoor besonders clever gelöst: Es sind fleischfressende Pflanzen. An der Oberseite ihrer Blätter sitzen kleine Härchen, an deren Enden Drüsen kleine Tropfen bilden. In diesen klebrigen, tauähnlichen Tropfen verfangen sich Insekten, die teilweise größer sind als die Blätter. Klebt ein Insekt an diesen Fanghärchen, dann krümmen sie sich zur Blattmitte und drücken die Beute gegen die dort sitzenden Haare, die Enzyme abgeben, um die Beute zu verdauen. Mit diesem »Trick« stillen die Pflanzen ihren Hunger, also ihren Stickstoffbedarf im nährstoffarmen Moor.

Die Fliege hat es erwischt. Der Mittlere Sonnentau ist eine fleischfressende Pflanze und fängt mit den klebrigen Tropfen an seinen Blättern kleine Insekten

Auf den dauerfeuchten Torfmoospolstern wachsen aber auch andere Pflanzen, beispielsweise die Wollgräser. Im Mai sorgen das rasenartig wachsende Schmalblättrige Wollgras und das in Bulten gedeihende Scheidige Wollgras für einen besonders erfrischenden Anblick im Moor. Während die Blüten noch unscheinbar grüngelb zwischen den Blättern verborgen bleiben, sind die weißen Samenstände, die wie Watte an den Stängeln hängen, ein schöner und einprägsamer Anblick. Aus diesem Grund nennen die Engländer die Pflanze auch »cottongrass« (= Baumwollgras).

Unscheinbar, in den etwas trockeneren Bereichen, wächst die kleine, zierliche Moosbeere mit ihren erbsengroßen Früchten zusammen mit dem im Juli und August blühenden Weißen Schnabelried. Daneben gedeiht Andromeda polifolia, die seltene Rosmarinheide. Sie wurde nach der antiken Königstochter Andromeda benannt. Wiederum etwas trockener mag es die ab Juli blühende Glockenheide, wogegen sich Besenheide und Rauschbeere die trockeneren Bereiche im Moor sichern. An nur ganz wenigen Stellen wächst dagegen die Krähenbeere, die mit ihren kurzen, zusammengerollten Blättern aus größerer Entfernung an einen Nadelstrauch erinnert. Am Moorrand, oder dort wo der Mensch das Hochmoor entwässert hat, kommen Moorbirken und Waldkiefern auf, oder es wuchert das Pfeifengras, auch Bentgras genannt. Die drei letztgenannten werden von Naturschützern nicht gern gesehen, denn sie verdrängen vielerorts die typische Moorvegetation und sind somit ein Problem der Moorschutzbemühungen.

Schön anzusehen sind die Fruchtstände des Scheidigen Wollgrases. Dort wo das Wollgras wächst, ist das Moor noch nass

In der niedrigen Moorvegetation fühlen sich die hübschen Kreuzottern besonders wohl. Angepasst an das raue Klima in den Mooren, gebären die Weibchen alle zwei Jahre im August lebende, bleistiftdicke Jungtiere. Meist sind es rund ein Dutzend an der Zahl. Den Winter verbringen die nicht einmal einen Meter lang werdenden Schlangen in den trockenen Randbereichen des Moores. Bereits ab Ende Februar, wenn die ersten kräftigen Sonnenstrahlen den Erdboden erwärmen, kommen sie für einige Stunden aus ihren Winterverstecken und liegen, oft zu mehreren gemeinsam, an sonnenbeschienenen Stellen. Zwar ist die Kreuzotter eine der beiden in Deutschland heimischen Giftschlangen, ihre Giftigkeit wird jedoch meist überschätzt. Für den Menschen ist ihr Biss in der Regel harmlos.

Kreuzottern leben am Steinhuder Meer ausschließlich im Hochmoor. Die charismatischen Schlangen sind heute leider sehr selten geworden. Die Aufnahme ist ein echter Glücksfall, denn sie zeigt eine blauschwarze Farbvariante. Das arttypische Zickzackmuster auf dem Rücken des Reptils ist dennoch zu erahnen

In den nassen Bereichen des Moores, in denen Bäume nicht mehr zu wachsen vermögen, haben auch seltene Vogelarten eine Zuflucht gefunden. Häufig sind Bekassinen zu beobachten, die im Volksmund auch Himmelsziegen genannt werden. Gemeinsam mit ihnen leben Rotschenkel im Moor, die mit ihren melancholisch klingenden »dü-dü-dü«-Rufen auf sich aufmerksam machen. Geradezu sensationell war die Rückkehr des Kranichs, der erstmals im Jahr 2000 wieder in den Hochmooren am Steinhuder Meer brütete (siehe Themenkasten auf Seite 70).

Pflanzenreiche Gewässer mit Seerosen sind im Hochmoor selten. In der Regel handelt es sich um Moorrandgewässer oder um künstliche Teiche wie hier den sogenannten Seerosenteich am Rundweg unweit der Mardorfer Moorhütten

Zu den Seltenheiten unter den moorbewohnenden Tieren gehört auch der prachtvolle Schwarzhalstaucher mit den unwirklich anmutenden roten Augen. Zur Aufzucht seiner Jungen benötigt er größere Wasserflächen mit reichlich Vegetation und vielen Insektenlarven als Nahrungsgrundlage. Zur Zugzeit kann man Schwarzhalstaucher mit etwas Glück in kleinen Gruppen auf dem Steinhuder Meer sehen

Kranich – Der König des Moores ist wieder da

Noch vor 20 Jahren hätte es kein Vogelkundler und keine Biologe geglaubt, dass der König der Moore, der Kranich, wieder an das Steinhuder Meer zurückkehren wird, um hier seine Jungvögel aufzuziehen. In den 1970er Jahren lebten weniger als zwei Dutzend dieser eindrucksvollen und symbolträchtigen Vögel in der damaligen Bundesrepublik. Sie wurden von zahlreichen ehrenamtlichen Helfern streng bewacht. Zusammen mit vielen lebensraumverbessernden Maßnahmen führte dies zum gewünschten Erfolg, denn langsam, aber stetig nahm der Bestand der imposanten Vögel zu. Auch am Steinhuder Meer bemühten sich die Naturschützer um den Kranich. Die Wiedervernässung ehemals trockengelegter Hochmoore und Sümpfe und die geschickte Wegeführung führten auch zur Wiederkehr des Kranichs an das Steinhuder Meer. Nasse und bis in den Sommer hinein Wasser führende Flächen sind eine zwingende Voraussetzung für die Ansiedlung des Vogels, denn der König des Moores legt seine Nester ausschließlich im flachen, pflanzenbestandenen Wasser an. Von dort sind seine trompetenden Rufe schon von Weitem zu hören. Zu sehen sind die großen Vögel allerdings nur selten, denn Kraniche sind scheu.

Heute ziehen bis zu neun Paare am Steinhuder Meer ihre Jungvögel auf. Weitere könnten schon bald folgen, denn in den Sommermonaten halten sich hier immer mehr ein- bis zweijährige Jungvögel auf, die in ihrem dritten oder vierten Lebensjahr auch zu brüten beginnen - sofern ausreichend geeignete Wasserflächen als Brutplätze zur Verfügung stehen. Naturschützer arbeiten daran, solche mit weiteren Vernässungsmaßnahmen und der Anlage von Flachgewässern zu schaffen. Von den Maßnahmen für die anspruchsvollen Kraniche profitieren im Übrigen zahlreiche andere seltene Pflanzen- und Tierarten, wie Sonnentau, Rotschenkel, Bekassine, Moorfrosch und Ringelnatter.

Oben:
Dort wo das Hochmoor nass und unzugänglich ist, finden Kraniche geeignete Brutplätze

Unten:
Mit einer Spannweite von mehr als zwei Metern gehören Kraniche zu den ganz Großen

Rechts:
Die stolzen Kraniche waren am Steinhuder Meer bereits ausgestorben. Umfangreiche Schutzmaßnahmen machten die Rückkehr in die Moore am See wieder möglich

In Frühling und Sommer schlüpfen unzählige Libellen im Hochmoor aus ihren Larvenhüllen, die Wissenschaftler als Exuvien bezeichnen und die man bei genauem Hinsehen häufig an den aus dem Wasser ragenden Pflanzenhalmen sehen kann. Den Anfang der Libellensaison im Hochmoor machen Ende April/Anfang Mai die Nordischen Moosjungfern und kurz darauf die Kleinen Moosjungfern. An sonnigen Tagen steigen Tausende über den Wasserflächen in den Himmel empor. Das Angebot nutzen Libellenjäger, allen voran die wendigsten Flieger unter den Vögeln, die Baumfalken. Sie sind Ende April gerade aus ihren afrikanischen Winterquartieren zurückgekehrt und haben Hunger. Elegant jagen manchmal gleich mehrere von ihnen über den Moorflächen mit hoher Geschwindigkeit hinter den für uns auf größere Entfernung nicht sichtbaren Libellen her.

Ein besonderes Erlebnis einer Nachtexkursion ins Moor ist zweifellos die Beobachtung eines besonders geheimnisvollen Vogels, und zwar des Ziegenmelkers, der auch Nachtschwalbe genannt wird. Die schnurrenden Reviergesänge sind schon von Weitem zu hören. Ein besonderes Schauspiel ist es jedoch, einen der fast falkengroßen »Moorgeister« in schaukelndem Flug, begleitet von »quäck«-Rufen und Flügelklatschen an sich vorbeifliegen zu sehen. Neugierig umkreisen sie manchmal den menschlichen Eindringling, um kurze Zeit später im grauen Dunkel des Moores zu verschwinden.

Überall wo es Wasser im Hochmoor gibt, leben auch die zierlichen Kleinlibellen. Im Morgentau sind die tropfenbehangenen Insekten noch flugunfähig. Libellen können übrigens nicht stechen und sind für Menschen völlig harmlos!

Durch Entwässerung entsteht aus dem Hochmoor ein Moorbirken- oder Kiefernwald. Die Spezialisten unter den Tieren und Pflanzen, die sich in Jahrtausenden an den extremen Lebensraum Moor angepasst haben, können hier nicht mehr leben. Sie müssen den Generalisten weichen. An Vögeln leben hier vor allem Wald- und Gebüschbewohner, allen voran der allgegenwärtige Fitislaubsänger, der sicherlich häufigste Brutvogel am Steinhuder Meer. In den Teilbereichen mit den ältesten und höchsten Baumbeständen und einer üppigen Krautschicht können aufmerksame Beobachter auch den tropisch aussehenden, gelbschwarzen Pirol erstaunlich häufig beobachten. Dickere Bäume in den Moorbirkenwäldern dienen auch verschiedenen Spechtarten zur Anlage von Höhlen.

Hochmoore sind in Mitteleuropa bedroht. Mit ihnen verlieren nicht nur wir einen wundervollen und einzigartigen Lebensraum, sondern viele Tier- und Pflanzenarten. Anspruchsvolle und ursprüngliche Hochmoorvögel, beispielsweise Birkhühner und Goldregenpfeifer, sind im Toten Moor schon lange nicht mehr zu beobachten, denn heute sind weite Teile entwässert und maschinell abgetorft worden und somit der Torfindustrie zum Opfer gefallen. Hoffnung auf ihre Rückkehr gibt es – anders als beim Kranich – nicht. Die Faszination des Moores und seine Rolle für den Artenschutz fanden bis vor wenigen Jahren wenig Berücksichtigung. Fast immer musste sich der Naturschutz dem industriellen Handeln unterordnen. Die Abbauflächen im Toten Moor sind so groß, dass sie sogar auf Satellitenbildern zu sehen sind. Weit mehr als die Hälfte der 30 Quadratkilometer sind heute abgetorft und vielleicht für immer und ewig, zumindest aber für Jahrzehnte zerstört. Der abgetragene Torf wird angereichert und landet samt den geschredderten Tieren als Blumenerde in Plastiksäcken. Das ist völlig unnütz, denn torffreie Blumenerde aus Ersatzstoffen wie Rindenmulch und Humus sind schon längst im Handel zu haben. Aussagen, dass die abgetorften Flächen problemlos renaturiert werden könnten, sind falsch. Die Torfschichten, deren Wachstum mit nur einem Millimeter im Jahr Jahrtausende dauerte, sind für immer verloren. Tiere und Pflanzen sind ausgestorben oder besiedeln nur langsam wieder den neuen Lebensraum, wobei das natürliche Gleichgewicht eines Moores meist nicht erreicht wird. Die nach dem Abbau oft vorgeschriebene Wiedervernässung wird von dem größeren der beiden am Steinhuder Meer ansässigen Torfwerke zum Nachteil der Natur nur sehr zögerlich umgesetzt.

Die Randbereiche des Toten Moores wie hier bei Poggenhagen sind heute sehr trocken und bewaldet. Hier begann vor Hunderten Jahren die offene Hochmoorweite des Toten Moores, wie die torfigen Böden heute noch verraten

Altweibersommer im Hochmoor. Zahlreiche Netze der Kreuzspinnen bedecken die Hochmoorvegetation

Auch in den nicht abgetorften Bereichen hat sich der Charakter des Toten Moores im Vergleich zu früher stark verändert. Die offene Weite, die nur von wenigen Bäumen unterbrochen wurde, ist durch einen dichten, fast flächendeckenden Moorbirkenwald ersetzt worden. Die Birken zeigen, dass es um das Hochmoor schlecht bestellt ist, denn sie wachsen nur an trockenen Stellen. Zahlreiche Dämme und Gräben durchziehen heute das Hochmoor, und die landwirtschaftliche Nutzung der Randbereiche über Grünland zu Ackerbau vernichtete die gesamte Torfdecke. Glücklicherweise konnten Teilflächen vor dem Abbau bewahrt werden. Sie sind heute Refugien der selten gewordenen Hochmoorpflanzen und -tiere und somit die Hoffnung der Moorschützer.

Die hübsche Zebraspinne hat Norddeutschland erst in den letzten Jahrzehnten besiedelt. Manche Wissenschaftler sehen sie als Vorboten des Klimawandels. Man begegnet ihr in unterschiedlichen Lebensräumen, im Hochmoor ist sie heute nicht selten

Lange Schnäbel in den Wiesen und grüne Frösche auf den Büschen

Die Meerbruchswiesen westlich des Steinhuder Meeres sind besonders nass. Sie sind heute noch die Heimat einer besonders gefährdeten Lebensgemeinschaft. Im Hintergrund ist das sogenannte Vogelbiotop zu sehen

Oben:
Der Große Brachvogel gehört zu den seltensten Vogelarten am Steinhuder Meer. Er braucht zum Überleben feuchte Wiesen, die erst spät im Jahr genutzt werden

Mitte:
Ihn kennt jeder. Der Weißstorch ist in den Meerbruchswiesen auf Nahrungssuche

Unten:
Die Bekassine ist ein seltener Schnepfenvogel. Mit ihren langen Schnäbeln stochern die Vögel im sumpfigen Boden nach Nahrung

Noch im Mittelalter waren die heutigen Meerbruchswiesen westlich des Steinhuder Meeres Sümpfe, auf denen Erlenbruchwälder und Röhrichte wuchsen. Heute finden wir einen solchen Bruchwald noch in den Uferbereichen des Sees, wie oben bereits geschildert. Wie genau sich hier der Wandel vom Sumpf zur Kulturlandschaft vollzogen hat, ist heute schwer zu rekonstruieren. Irgendwann im Mittelalter haben die Menschen nach und nach den Erlenbruchwald gerodet und die Niederung von den Rändern her entwässert. Die Freiflächen bewuchsen mit Nässe liebenden Pflanzen, vor allem Gräsern. Das neue Nutzland wurde einmal im Jahr mit der Sense gemäht und als Stalleinstreu genutzt. Eine intensivere Nutzung ging damals nicht. Mit zunehmendem Bevölkerungswachstum und zusätzlichem Bedarf an Nutzflächen und Brennholz dürfte der Erlenbruchwald nach und nach verschwunden sein. Später wurde die Nutzung immer stärker intensiviert. Doch erst spät, in den 1950er Jahren, fiel eine folgenschwere Entscheidung. Nun wurde mit großem Aufwand und Maschineneinsatz ein umfangreiches Entwässerungsnetz gebaut. Das führte zu einer intensiveren Nutzung des Grünlandes, die den zwischenzeitlich neuen Bewohnern der nassen, extensiv genutzten Wiesen Probleme bereitete. Doch dazu später.

Die Feuchtwiesen sind noch heute ein Eldorado für viele Tiere, die auch zahlreiche naturinteressierte Besucher anlocken. Der Große Brachvogel mit seinem langen gebogenen Schnabel und langsam schreitenden Gang ist heute in den Meerbruchswiesen der stolzeste Wiesenbewohner. Früher waren die großen baumlosen Hochmoore und gehölzarmen Niedermoore sein Lebensraum. Nachdem der Mensch im Mittelalter im großen Umfang die Wälder gerodet und die Grünlandwirtschaft forciert hatte, gelang ihm der »Sprung« in die neuen, noch extensiv genutzten Wiesen- und Weideflächen. Das funktionierte auch mehrere Jahrhunderte lang, solange die Flächen kaum entwässert und wenig gedüngt wurden. Vor allem die spät im Jahr und von Hand ausgeführte Heumahd war eine wichtige Voraussetzung für die Besiedlung. Auf den feuchten Wiesen konnten die Brachvögel mit ihren langen Schnäbeln tief im Boden stochern und Nahrungstiere finden. Heute werden die feuchten Wiesen oft bereits Anfang Mai gemäht, zu einer Zeit, in der die Brachvögel noch auf den Gelegen brüten oder gerade kleine und noch flugunfähige Jungvögel haben. Bei der Mahd mit den heute genutzten schnellen Maschinen werden die Gelege zerstört oder die kleinen Brachvögel getötet. Die Grünlandnutzung, die für den Brachvogel also einst gut war und die den Bestand der Art

Wasserflächen im Wechsel mit nassen Wiesen sind in der heutigen Landschaft sehr selten. Naturschützer haben in den Meerbruchswiesen viele Gräben aufgestaut und Flachgewässer angelegt, um die gefährdeten Feuchtwiesenpflanzen und -tiere am Steinhuder Meer zu retten

förderte, ist heute zu einer tödlichen Falle geworden. Besonders tragisch ist das, weil seine ursprünglichen Lebensräume beinahe vollständig zerstört wurden. Das brachte den stolzen Großen Brachvogel auf die Rote Liste der gefährdeten Vogelarten. Es ist dabei sicher kein Trost, dass er dieses Schicksal mit vielen Vogelarten teilt, die ebenfalls die Feuchtwiesen bewohnen. Allen voran sind es die sogenannten Wiesenlimikolen, zu denen andere Schnepfenvögel zählen, wie die Bekassine, der Rotschenkel und auch der allseits bekannte Kiebitz. Sie alle sind heute noch in den Feuchtwiesen westlich des Steinhuder Meeres zu Hause, und zwar dort, wo im Zuge von Naturschutzmaßnahmen Wiesen wieder vernässt wurden. Die Staue an den Wanderwegen weisen darauf hin, dass der Wasserstand auf den Wiesen erst spät im Frühling heruntergelassen wird. Auf diese Weise stehen den Langschnäbeln bis weit in den Sommer hinein nasse, stocherfähige Moorböden zur Verfügung, die als Nahrungsressource von großer Bedeutung sind, denn in dem feuchten Milieu wandern die Nahrungstiere nicht in tiefere Bodenschichten ab, wo sie selbst für den längsten Schnabel nicht mehr erreichbar wären.

Er ist der heimlichste Bewohner der Feuchtwiesen am Steinhuder Meer – der Wachtelkönig. Auffällig sind nur seine nächtlichen Rufe, die ihm den wissenschaftlichen Namen Crex crex eingebracht haben

Der Feldhase ist in den Wiesen am Steinhuder Meer häufig. Er profitiert von der extensiven Landwirtschaft in den Naturschutzgebieten

Ungewöhnliche Nutztiere helfen der Natur: Wasserbüffel sind anspruchslose Weidetiere, die selbst auf den nassesten Wiesen als Landschaftspfleger zum Einsatz kommen und deren Verbuschung verhindern. Sie sind am Steinhuder Meer außerdem zu einer Touristenattraktion geworden und vom Rundweg aus in den Meerbruchswiesen zu sehen

Oben:
Blütenvielfalt in den Feuchtwiesen: Im Frühling blühen das zartviolette Wiesenschaumkraut, …

Mitte:
… die gelbe Sumpfdotterblume und …

Unten:
… die rosarote Kuckuckslichtnelke

Ein Bundesprojekt für den Feuchtwiesenschutz

Die Förderung von Naturschutzmaßnahmen in den Meerbruchswiesen als ein Bundesnaturschutzprojekt mit dem Ziel, die gefährdete Lebensgemeinschaft der Feuchtwiesen zu retten, machte auch weitere Projekte möglich. So wurden beispielweise zahlreiche Blänken und Tümpel angelegt. Blänken sind große, flache Gewässer, die erst, wenn überhaupt, im Spätsommer austrocknen und dem Clan der Langschnäbel weitere wichtige Nahrungsmöglichkeiten bieten. Außerdem lebt in den Blänken neben den zur Paarungszeit leuchtend blauen Moorfröschen und quietschgrünen Laubfröschen, seltenen Kreuzkröten, unscheinbaren Knoblauchkröten und stattlichen Kammmolchen ein Heer von quakenden Teichfröschen. Das haben mittlerweile auch die Weißstörche gemerkt, die die Gewässer zur Nahrungssuche zunehmend aufsuchen. In dicht bewachsenen Blänken brüten Graugänse, Knäk- und Löffelenten, Wasser- und Blässrallen und gelegentlich auch Tüpfelsumpfhühner. In den großen, stärker bewachsenen Flachgewässern brüten inzwischen sogar Kraniche.

Zur Zugzeit im März und April und dann wieder im Oktober und November sind oft Hunderte Kraniche zu Gast in den Meerbruchswiesen. Nachts stehen sie im flachen Wasser der überschwemmten Wiesen oder in den Blänken, damit sie heranplanschende Feinde, vor allem Füchse, rechtzeitig wahrnehmen können.

Die Luft über den Wasserflächen der Meerbruchswiesen ist in den Sommermonaten erfüllt vom Sirren der Libellen. Tausende Heidelibellen, Blaugrüne Mosaikjungfern, Adonislibellen und eine Vielzahl von Azurjungfern legen in den flachen Gewässern ihre Eier ab. Mit zunehmenden Wasserständen auf den Wiesen ändert sich auch die Vegetation. Die früher durch Düngung und häufigen Schnitt geförderten Gräser weichen unter der heute extensivierten Nutzung mit maximal zwei Schnitten blühenden Kräutern, wie verschiedenen Hahnenfußarten, Wassergreiskraut und der heute wieder häufiger vorkommenden Sumpfdotterblume. Das Ziel, einen Teil der selten gewordenen Feuchtwiesenbewohner in den Meerbruchswiesen zu retten, scheint erreicht.

Am Rundweg zwischen Hagenburg und Winzlar blühen auf den ungedüngten Wiesen und Wegrändern des Naturschutzgebietes Meerbruchswiesen Tausende Margeriten

Löffelenten, im Bild ein Erpel, sind regelmäßige Gäste und Brutvögel im Vogelbiotop und auf den Blänken der Feuchtwiesen. Die hübsche Löffelente mit ihrem markanten Schnabel gehört in Deutschland zu den gefährdeten Vogelarten, weil ihr Lebensraum zunehmend verschwindet

Das Vogelbiotop

Einer der Gründe für die besondere Artenvielfalt am Westufer des Steinhuder Meeres ist die Verzahnung mit der westlichen Verlandungszone des Sees. Das von Erlen gesäumte und nur stellenweise mit Röhrichten bewachsene Ufer des Sees geht im westlichen Bereich des Sees in das sogenannte Vogelbiotop über. Dieser große Flachwasserbereich entstand durch die Flutung von Wiesen zu Beginn der 1980er Jahre.

Heute bewachsen Blutweiderich, Rohrkolben, Schilf und Grauweiden große Teile dieses Bereiches. Eine ungeheure Vielzahl von Tieren nutzt diesen neu geschaffenen Lebensraum, der zweifellos zu den wertvollsten Gebieten am Steinhuder Meer zu rechnen ist und je nach Saison ganz unterschiedliche Tiere anlockt. Während im Frühling die seltenen Schilfrohrsänger, Rohrschwirle, Tüpfelsumpfhühner, Wasserrallen und verschiedene Entenarten in der üppigen Ufervegetation brüten, dienen im Spätsommer die bei sinkendem Wasserstand freifallenden Schlammflächen als äußerst attraktive Nahrungsflächen für Zugvögel.

Um Besuchern spannende Beobachtungen zu ermöglichen, wurden am sogenannten Erlebnisweg vom Naturpark und der Ökologischen Schutzstation Steinhuder Meer mehrere Beobachtungshütten aufgestellt, aus denen heraus man zu jeder Jahreszeit und aus unterschiedlichen Perspektiven einen hervorragenden Blick in den Flachwasserbereich des Vogelbiotops hat. Eine weitere Hütte ermöglicht Blicke auf ein großes Flachgewässer in den winterlich überstauten Feuchtwiesen. Der Vorteil dieser Hütten liegt auf der Hand, denn die ansonsten recht scheuen Vögel nehmen die Beobachter hinter den Sehschlitzen nicht wahr und sind so aus unerwartet geringer Distanz zu beobachten.

So wertvoll das Vogelbiotop ist, so stellt es Naturschützer immer wieder vor die schwierige Aufgabe, das Gebiet zu erhalten. So konnte man erstmals 2010 den durch Verbuschung bedrohten Lebensraum durch den Einsatz moderner Kettenfahrzeuge pflegen, die auf dem gefährlichen, bis zu vier Meter hohen Moor- und Muddeboden fahren konnten.

Oben:
In den Gebüschen am Vogelbiotop leben Karmingimpel. Das Steinhuder Meer gehört zu den wenigen Gebieten in Niedersachsen, in denen die sehr seltenen Vögel brüten

Mitte:
Häufig dagegen ist die Dorngrasmücke. Ihr kurzer, hastiger Gesang erklingt ab Mitte April fast überall aus den Gebüschen des Meerbruchs

Unten:
Schilfrohrsänger sind seltene Bewohner der Röhrichte. Im Vogelbiotop kann man die gefährdeten Vögel gelegentlich hören und bei ihren Singflügen beobachten

Lange Zeit gab es am Steinhuder Meer keine Laubfrösche mehr. Ein wissenschaftlich begleitetes Ansiedlungsprojekt der Ökologischen Schutzstation Steinhuder Meer brachte den »Wetterpropheten« wieder an das Steinhuder Meer zurück

Oben:
Die bis etwa vier Zentimeter messenden Laubfrösche sind die einzigen Lurche in Mitteleuropa, die im Sommer fast ausschließlich auf Bäumen und Büschen leben

Der Wetterfrosch ist wieder da – der Laubfrosch kehrt zurück

1978 war ein trauriges Jahr am Steinhuder Meer, denn es war das Jahr, in dem eine der attraktivsten Amphibienarten, der Laubfrosch, am Steinhuder Meer für lange Zeit das letzte Mal gehört wurde. Das letzte Laichgewässer wurde gerade zugeschoben und dem maximal fünf Zentimeter kleinen Frosch damit die letzte Fortpflanzungsmöglichkeit genommen.

Der Laubfrosch ist DER Wetterfrosch, der bis zur Mitte des letzten Jahrhunderts überall noch so zahlreich war, dass man ihn (übrigens fälschlicherweise) als Wetterprophet in Gläsern kleine Leitern emporsteigen ließ. Der Laubfrosch ist auch DER Froschkönig, der aus dem Brunnen klettert und der Prinzessin die verlorene Goldkugel zurückgibt. Und der amerikanische Laubfrosch stand auch noch Pate für die Erfindung von Kermit, DEM Frosch. Doch der Umgang mit dem echten Lurch entsprach nicht seinem Bekanntheitsgrad, denn nicht nur am Steinhuder Meer, sondern überall in Mitteleuropa scherte man sich wenig um das Verschwinden des Laubfrosches, der hier im Übrigen der einzige Lurch ist, der auf Bäume klettern kann.

Dank unzähliger Naturschutzmaßnahmen, vor allem durch die Anlage kleiner, fischfreier Gewässer, entstanden jedoch seit den 1990er Jahren wieder geeignete Lebensräume für den anspruchsvollen Frosch. So wagte man in Zusammenarbeit mit den Behörden einen Wiederansiedlungsversuch, der von der Ökologischen Schutzstation Steinhuder Meer initiiert und wissenschaftlich begleitet wurde. Im Jahr 2005 wurden erstmals Laichballen aus einer der wenigen stabilen Populationen in der Region Hannover entnommen und die etwa 1.000 daraus geschlüpften Kaulquappen mehrere Wochen vorgezogen. Dann setzte man sie in geeigneten Gewässern im Naturschutzgebiet Meerbruchswiesen aus. Mit Erfolg, denn bereits im folgenden Jahr quakten nach fast 30 Jahren wieder Laubfrösche am Steinhuder Meer. Das Projekt wurde fortgeführt, und bis 2008 wurden mit der erfolgreich erprobten Methode mehrere Tausend Kaulquappen in die Freiheit entlassen. Im Jahr 2010 riefen 500(!) Laubfrösche in fast 40 verschiedenen Gewässern, und es scheint, als sei der kleine Lurch niemals weg gewesen.

Vorsicht: Laubfrösche werden oft mit den viel häufigeren und ebenfalls grünen Teichfröschen verwechselt, die auch in vielen Gärten zu Hause sind. Laubfrösche benötigen unbedingt Gewässersysteme aus zahlreichen fischfreien und gelegentlich austrocknenden Tümpeln. Deswegen sei hier ausdrücklich vor privaten, nicht genehmigten »Ansiedlungsinitiativen« gewarnt. Laubfrösche in Freiheit sind heute eine Rarität und Kostbarkeit. Man sollte sich dort an ihnen erfreuen, wo sie leben können.

Unten:
Im Frühling treffen die Laubfrösche an speziellen Laichgewässern ein. Der Chor der Männchen ist dann weit zu hören. In Gewässern mit Fischen können Laubfrösche nicht dauerhaft existieren, weil ihr Laich und ihre Kaulquappen von ihnen gefressen werden

Solange die Gräben nur selten oder abschnittsweise geräumt werden, können sie viele Tiere und Pflanzen beherbergen

Gräben – Blühstreifen in der Wiesenlandschaft

Werfen wir an dieser Stelle noch einen Blick auf die anderen Gewässer in den Meerbruchswiesen, die Gräben. Es sind zwar geradlinige Rinnen, aber in den meisten Fällen ist man den Belangen der Natur zumindest etwas nachgekommen, indem beispielsweise die Gewässerräumung und -unterhaltung auf ein verträgliches Maß zurückgeschraubt wurde. Im Sommer wachsen im Gewässerbett Pfeilkraut, Wasserfeder, Drachenwurz, auch Schlangenwurz oder Sumpfcalla genannt, und die Schwanenblume. Zwischen den Pflanzen lebt die rätselhafte Wasserspinne, die unter Wasser glockenförmige Netze baut. Über den Gräben tummeln sich im Sommer unzählige Libellen. Auf aus dem Wasser ragenden pfeilspitzenförmigen Blättern des Pfeilkrautes, dessen Unterwasserblätter dagegen eher einem breitblättrigem Gras ähneln, sitzen die Männchen der Gebänderten Prachtlibelle und wachen über ihr Revier. Heimlich flattert das zierliche Granatauge am Ufer entlang, und mit sirrendem Flügelschlag patrouillieren Smaragdlibellen und Königslibellen an »ihrem« Gewässer.

In den Gräben fallen hier und da zahlreiche Fische auf, die besonders während der Wintermonate besonders dicht stehen. Wenn wir genau hinsehen, erkennen wir nicht nur graubraune Rücken, sondern können auch

Oben:
Der Blutweiderich wächst in Tümpeln, an Grabenrändern und an besonders nassen Stellen der Feuchtwiesen

Unten:
Seine Blüten sehen nicht nur hübsch aus, sondern sind auch wichtige Futterpflanzen für Schmetterlinge, Bienen und andere Insekten

eher schlanke und rotflossige Rotaugen und Rotfedern, gestreifte Flussbarsche, silbrige Kaulbarsche und die hochrückigen Brassen und Güstern unterscheiden. Ganz versteckt im Bodengrund leben zwei Kostbarkeiten der heimischen Fischfauna. Es handelt sich um Schlammpeitzger und Steinbeißer. Sie sind selten geworden, so selten, dass sie heute europaweit gefährdet sind. Dennoch kümmern sich nur wenige Menschen um den Fortbestand dieser unauffälligen Arten.

Wenn die Gräben und ihre Ufer nicht jährlich ausgebaggert oder ausgemäht werden, entwickeln sich außerdem blütenreiche Säume in der Landschaft. Der fliederähnliche Blutweiderich, der gelb blühende Gilbweiderich und der lilafarbene Wasserdost locken neben zahlreichen anderen Pflanzen im Sommer mit ihren bunten Blüten in Massen Schmetterlinge und andere Insekten an. Unüberhörbar in dem Pflanzenreichtum ist von Mitte Juni bis September der kurze, raschelnde Gesang der goldgrün gefärbten Großen Goldschrecke. Die Weibchen der hübschen Heuschrecke verstecken ihre Eier in den hohlen Stängeln größerer Pflanzen. Das können sie hier im Naturschutzgebiet problemlos, denn hierher kommt kein Mähgerät und macht ihre Mühe zunichte, indem Gewässerufer und Wegränder rücksichtslos gemäht werden. Die zierliche Goldschrecke ist leider ein gutes Beispiel dafür, wie eine Tierart unter dem menschlichen Aufräumsinn leiden kann. Vielerorts ist sie aus der Landschaft gemäht worden.

Die eleganten Silberreiher sind seit einigen Jahren häufig zu sehen. Solange sie eisfreie Gewässer finden, harren sie auch bei Schnee und Eis am Steinhuder Meer und in den Feuchtwiesen aus

Naturnaher Meerbach

Während an den Wiesengräben keine oder nur sehr wenige Bäume und Sträucher stehen, sieht der Meerbach in der Nähe des Steinhuder Meeres ganz anders aus. Der Bach führt das überschüssige Wasser aus dem Steinhuder Meer von Ost nach West quer durch die Meerbruchswiesen, fließt durch Rehburg und mündet 20 Kilometer nördlich in Nienburg in die Weser. Vom Seeufer bis zur Stadt Rehburg durchfließt er die beiden Naturschutzgebiete Meerbruch und Meerbruchswiesen. Schwarzerlen, verschiedene Weiden, Birken und Pappeln säumen seine Ufer und verleihen ihm den Charakter eines typischen und naturnahen Tieflandbaches. Das führt dazu, dass zahlreiche Tiere und Pflanzen das Gewässer besiedeln: Große Hechte sind die Herren der Unterwasserwelt, Graureiher stehen regungslos am Ufer und lauern auf Beute, im Wasser jagen heute wieder Fischotter, und Teichhühner verstecken sich in der üppigen Ufervegetation und bauen dort ihre Nester. Ein paar Etagen höher basteln die mittlerweile selten gewordenen Beutelmeisen unermüdlich an ihren kunstvollen Nestern aus Brennnesselfasern, Weiden- und Pappelsamen.

Ein Juwel unter den Vögeln ist der Eisvogel. Er brütet regelmäßig am Steinhuder Meer und an den Bächen der Niederung

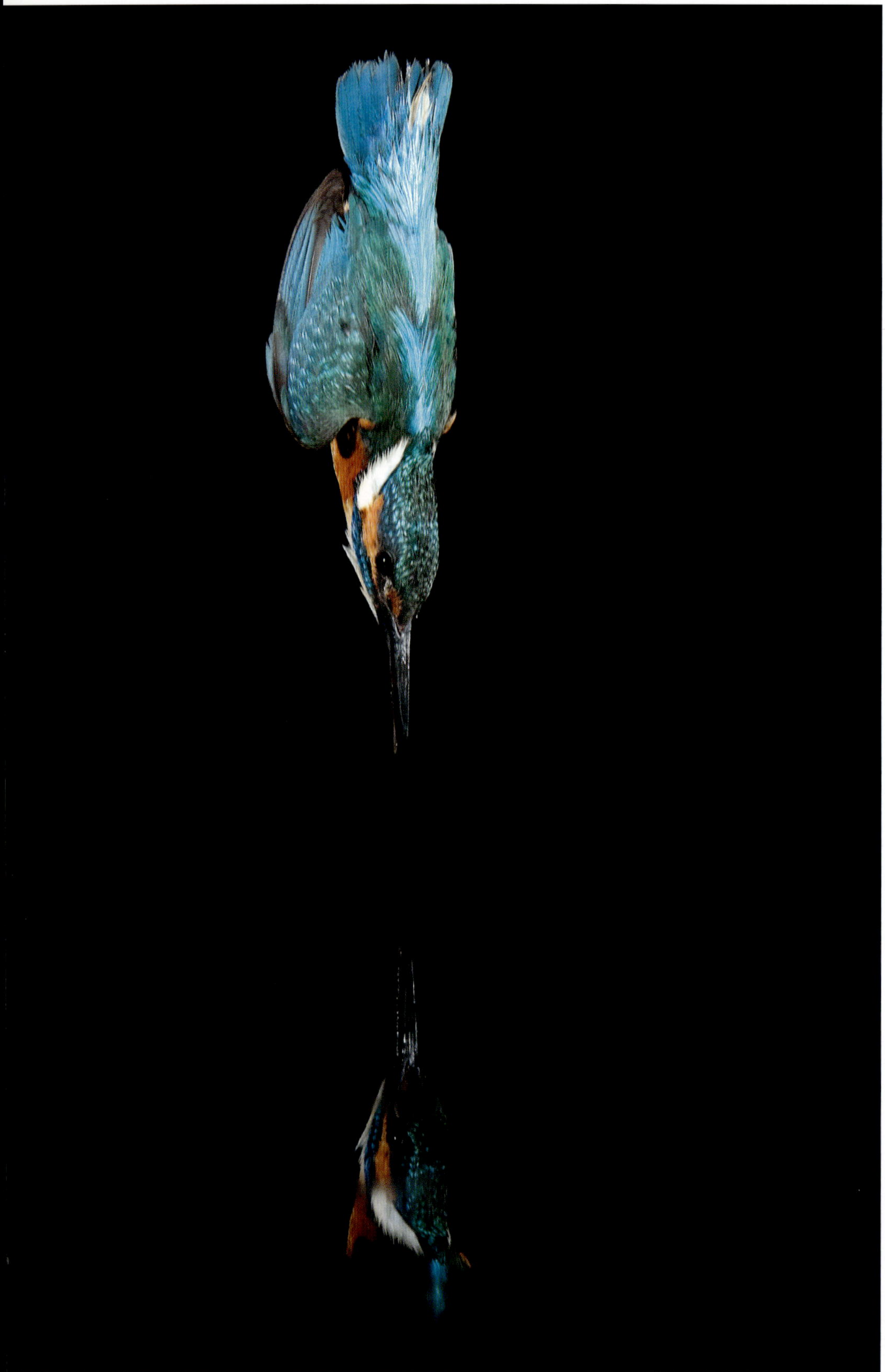

Eisvögel fressen fast aus-
schließlich kleine Fische, die
sie stoßtauchend erbeuten

Der auftauchende Eisvogel hat es diesmal nicht geschafft. Nicht jeder Jagdversuch ist erfolgreich

Oben:
Der Klatschmohn blüht nur dort, wo die Chemie versagt hat. Einige Landwirte verzichten bewusst stellenweise auf den Einsatz von Spritzmitteln. Dort erscheinen Mohn und andere Ackerwildkräuter wieder als leuchtende Farbtupfer

Mitte:
Das Fasanenmännchen versucht flügelschlagend seinen Nebenbuhler zu beeindrucken

Unten:
Rehe sind in den Wiesen und auf den Äckern am Steinhuder Meer häufig zu sehen

Ackerflächen und Brachen

Die Wiesen des Meerbruchs grenzen vielerorts an Ackerland. Äcker wiederum bilden hier und dort den Übergang zu den Wäldern. In Herbst und Winter sind sie heute regelmäßig Nahrungsflächen für Kraniche und Gänse. Im Sommer brüten manchmal Schafstelzen und Rebhühner auf den Äckern und in den breiteren Wegrainen. Dort wo noch Büsche und Stauden entlang der Wegränder stehen, lebt mancherorts der Neuntöter. Besonders wertvoll sind die Ackerböden, die an den Meerbruch grenzen, aus landwirtschaftlicher Sicht aber nicht. Der Boden ist sandig, nährstoffarm und trocknet schnell aus. Für Tiere und Pflanzen sind solche Böden durchaus wertvoll. Das wird besonders an Stellen deutlich, wo die Ackernutzung aufgegeben und der Natur freier Lauf gelassen wurde. Einige besonders schöne Ackerbrachen liegen nördlich des Steinhuder Meeres und des Meerbruchs. Auf ihnen wachsen Wiesenbocksbart, Glockenblumen, Jakobsgreiskraut, Sandglöckchen und andere sogenannte Trockenheitszeiger. Im sandigen Boden legen die Zauneidechsen ihre Eier ab. Die heimliche Schlingnatter, eine kleine heimische Würgeschlange, lebt in der lückenhaften Vegetation, und der seltene Warzenbeißer, eine der größten heimischen Heuschrecken, lässt hier von Ende Juni bis Ende September seinen auffälligen rasensprengerähnlichen Gesang hören. Bis zum Jahr 2006 ging es den Tieren und Pflanzen dieser bunten Brachflächen gut, denn die Landwirte bezogen die sogenannte »Flächenstillllegungsprämie«, ließen Teile ihrer Äcker ungenutzt und überließen sie somit den Tieren und Pflanzen. Dann wurden von der Politik Weichen gestellt, die die Lebensgemeinschaft der Sandackerbrachen von einem auf den anderen Tag dem Erdboden gleichmachten. Die Flächenstillllegungsprämie wurde ersatzlos gestrichen und die Brachen wurden dem stetig wachsenden Energiemarkt für nachwachsende Rohstoffe preisgegeben. Gleichzeitig entstanden mehrere Biogasanlagen mit einem großen Hunger auf Mais und andere energetisch nutzbare Agrarpflanzen – mit der Folge, dass innerhalb von nur zwei Jahren fast alle blüten- und tierreichen Brachen verschwanden und mit Mais eingesät wurden. Umsicht zeigten die Behörden, indem sie kurz vor Wegfall der Stilllegungsprämie Brachflächen kauften oder als Ersatzmaßnahmen einforderten. Dort leben heute noch Heidelerche, Feldlerche und Warzenbeißer. Ackerbrachen sind in der heutigen Kulturlandschaft wichtige Refugien. Ohne diese ungenutzten Inseln dürften bei uns viele Arten verschwinden.

Die blütenreichen Sandackerbrachen nördlich des Steinhuder Meeres sind ökologisch besonders wertvoll. Zwischen seltenen Pflanzen leben auch zahlreiche bedrohte Insekten- und Reptilienarten

Rast auf dem Stoppelacker – Kraniche suchen im Spätsommer und Herbst auf den Äckern nach Ernteresten. Die Jungvögel sind noch bei ihren Eltern und u.a. an den braunen Köpfen und Hälsen zu erkennen

Die vergessenen Dünen

Dünen gibt es auch im Binnenland. Typisch für sie sind offene und schütter bewachsene Sandflächen. Sie sind ein Lebensraum für eine sehr spezielle Fauna und Flora. Leider sind naturnahe Dünen heute selten geworden

Nördlich des Steinhuder Meeres liegen, oft versteckt unter monotonen Kiefern- und Douglasienwäldern, bis zu 15 Meter hohe Dünen, manchmal sogar ganze Dünenfelder. Sie entstanden wohl ebenfalls nach der letzten Eiszeit, als der Wind den von der Vegetation kaum festgehaltenen Sand abtrug, verwehte und schließlich mehr oder weniger weit nördlich des heutigen Seeufers anhäufte. Jahrtausendelang waren diese Dünen noch in Bewegung, und immer wieder wurden die aufkommenden Pflanzen überweht.

Nur Spezialisten unter den Pflanzen, wie das Silbergras und die Sandsegge, vertragen diese Dynamik und bewachsen den extremen Lebensraum. Dort wo der Sand längere Zeit zum Liegen kommt, kann Besenheide wachsen. Unter den Tieren besiedeln ebenfalls eine Reihe von Spezialisten den sandigen Lebensraum. Steppengrashüpfer und Grabwespen, Zauneidechsen und Heidelerchen sind typische Bewohner.

Der Dünenreichtum nördlich des Steinhuder Meeres durchlebte eine wechselvolle Geschichte. Bis in die Mitte des letzten Jahrhunderts wurden die meist heidebewachsenen Dünen von Ziegen und Schafen beweidet. Die Tiere wurden, wie man es noch heute zum Teil aus der Lüneburger Heide kennt, von den Herden der Wanderschäfer getrieben und gehütet. Dieser immer unrentabler werdenden Wirtschaftsweise überdrüssig, begann man nach und nach die Dünen aufzuforsten – ein verhängnisvoller Fehler für die auf sandige Dünen spezialisierten Tiere und Pflanzen. Im Schatten der dicht beieinanderstehenden Bäume überlebte die an Licht, Trockenheit und Wärme angepasste, dünentypische Vegetation nicht. Mit den Pflanzen verschwanden auch die typischen Tiere der Dünen. Einige Dünen wurden sogar komplett abgetragen, um den Sand als Baustoff zu nutzen oder Wege in die sumpfigen Wiesen zu bauen. Von den heute noch zu findenden fast siebzig Dünen allein im Mardorfer Gebiet und südlich von Schneeren sind nur noch wenige als solche erkennbar. Das stellt den Natur- und Landschaftsschutz vor eine wichtige Aufgabe, denn Dünen im Binnenland gelten heute als einer der gefährdetsten Lebensraumtypen in Deutschland, und zahlreiche dünentypische Pflanzen- und Tierarten stehen auf der Roten Liste.

Oben:
Die Besenheide ist eine typische und auffällige Pflanze der Dünen und sandigen Hügel nördlich des Steinhuder Meeres bei Mardorf und Schneeren

Unten:
Der schöne, metallisch glänzende Braune Sandlaufkäfer, auch Dünenlaufkäfer genannt, lebt ausschließlich auf offenen Sandflächen. Wie sein Lebensraum ist auch er selten geworden

Im August blüht die Heide im Hochmoor und auf den sandigen Böden der Geest und Dünen. Je nach Standort bezeichnet man die Heideflächen als Moorheide oder Sandheide. Das Foto zeigt eine Sandheidefläche bei Schneeren mit einem üppigen Bewuchs von Besenheide *(Calluna vulgaris)*

Manche Dünen, wie die Weiße Düne am Nordufer des Steinhuder Meeres, sind mit uralten, knorrigen Stieleichen bewachsen

Die bekannteste und zugleich wohl größte Düne am Steinhuder Meer ist die »Weiße Düne«, die sich am Nordufer über mehrere Kilometer zwischen Badestrand und Kleiner Moorhütte erstreckt. Ihr Schicksal war noch außergewöhnlicher als das anderer Dünen. Sie war bis zur Mitte des letzten Jahrhunderts weitgehend unbewachsen und wurde zu Erholungszwecken stark genutzt. Es gibt alte Fotos, die Hunderte Badegäste auf der offenen Düne zeigen. Zelte und selbst Wohnwagen standen darauf, und man fuhr mit Fahrzeugen bis direkt an den Strand des Sees. Diese Übernutzung führte dazu, dass die Düne immer weiter abgetragen wurde. In den 1970er Jahren wurde dem Einhalt geboten und die Nutzung des Nordufers reglementiert. Es entstand ein Badestrand, der Sand der Düne wurde zurückgeschoben und durch – aus heutiger Sicht – unsachgemäße Anpflanzungen fixiert. Heute wachsen knorrige Eichen und Kiefern auf der Düne. Bei manchen legten Regen und Wind die Wurzeln teilweise frei und schufen skurrile Fotomotive. In den Bäumen leben neben vielen anderen Tieren unter anderem Mittelspechte, die Eichenspezialisten unter den Spechten, und rotbraune oder auch schwärzliche Eichhörnchen. Von einem Aussichtsturm auf dem höchsten Punkt der Düne hat man einen wunderschönen Überblick über das nahe Steinhuder Meer und die dahinterliegenden Mittelgebirge.

An manchen Stellen sorgen Laubfall und Beschattung nach und nach für eine Anreicherung von Nährstoffen und für feuchtere Lebensbedingungen auf der Düne. Die durch Wind und Erosion »wandernden« Sandbereiche verschwanden durch die Fixierung der Düne. Statt dünentypischer Heide und Silbergras wachsen heute häufig Brombeerbüsche, Schwarzer Holunder, Robinie und Brennnesseln. Sie alle sind Anzeiger für nährstoffreiche Verhältnisse, die für Dünen untypisch sind. Heute möchte man aus Sicht von Naturschutz und Tourismusförderung Konzepte erstellen und Maßnahmen umsetzen, die wieder eine großflächig attraktive, offene Dünenlandschaft entstehen lassen. Ideal wäre, so scheint es, eine Auslichtung des Gebüschbestandes, eine moderate Nutzung durch Menschen und vielleicht auch Nutztiere sowie eine punktuelle Wiederherstellung der natürlichen Dünendynamik.

Für Bäume sind Dünen nicht leicht zu erobern. Der Dünenkamm dieser Düne bei Mardorf ist ein besonders trockener und nährstoffarmer Standort, und …

… oft werden die Wurzeln freigeweht oder freigespült. Das sind in der Regel natürliche Prozesse, die man nicht unterbinden sollte

Die kleine und seltene Knoblauchkröte mag es – anders als die meisten anderen Amphibienarten – gerne trocken. Sie lebt auch auf Dünen. Dort gräbt sie sich tagsüber ein und geht nachts auf Nahrungssuche. Zur Fortpflanzung benötigt sie Laichtümpel in der Nähe ihrer Verstecke

Die Zauneidechse lebt auf Dünen, solange sie Versteckplätze unter Wurzeln und Pflanzen findet. Ihre Eier legt sie in Norddeutschland grundsätzlich in Sand, wo diese von der Sonne ausgebrütet werden. Das Foto zeigt ein Männchen mit der markanten Grünfärbung an den Körperseiten. Diese fehlt den Weibchen

Der Bienenwolf – ein kleiner Räuber im Wespenkostüm

Es ist ein sonniger Tag im Juli. Die Sonne heizt die kleinen offenen Sandflächen auf der ansonsten dicht bewachsenen Heidefläche zwischen Mardorf und Schneeren auf. Plötzlich kommt etwas Seltsames dahergeflogen. Ein gelb-schwarzes Insekt trägt unter seinem Körper ein etwa gleich großes, dunkles Paket und landet auf einer der offenen Sandstellen. Schnell verschwinden Insekt und Paket in einer kleinen Röhre. Kurze Zeit später erscheint das gelb-schwarze Insekt wieder im Eingang der Röhre – ohne Paket – und fliegt davon. Wir sind neugierig geworden und beschließen, eine Weile an dieser Stelle zu verharren. Es dauert auch gar nicht lange, da kommt der emsige Transporter im Schwirrflug zurück, wieder mit einem Paket, pendelt in der Luft vor dem Eingang der Röhre einen Moment hin und her und landet wiederum am Eingang der Röhre. Wir haben nur einen kurzen Augenblick Zeit. Der aber reicht aus, um zu erkennen, dass es sich bei dem Paket um eine erbeutete Biene handelt. Nun haben wir keine Zweifel mehr. Bei dem gelb-schwarzen, etwa 1,5 Zentimeter langen Insekt kann es sich nur um einen Bienenwolf handeln. Genauer gesagt ist es eigentlich eine Bienenwölfin, denn nur die Weibchen dieser hübschen Grabwespen erbeuten Bienen, lähmen sie mit ihrem Giftstachel und bringen diese in die vorbereitete, bis zu einen Meter lange Röhre. Die Röhre endet in mehreren Brutkammern, in die meist zwei bis sechs erbeutete Bienen gebracht werden. Darauf legen die Weibchen ein unbefruchtetes Ei ab, daraus schlüpfen Männchen, oder ein befruchtetes Ei, daraus entwickeln sich Weibchen. Die zuvor eingetragenen Bienen dienen den Bienenwolflarven dann rund eine Woche als Nahrung. Dann verpuppen sich die Larven, und es schlüpft in manchen Jahren eine zweite Generation. Meist ruhen die Larven und verpuppen sich erst im nächsten Frühling, um im Juni zu schlüpfen.

Die erwachsenen Bienenwölfe ernähren sich, anders als ihre Larven, übrigens von Nektar. Für Menschen sind sie ohnehin völlig ungefährlich.

Der Lebensraum der interessanten Insekten ist heute selten geworden – mit ihnen der Bienenwolf.

Oben:
Erlebter Mikrokosmos:
Der »weiß maskierte« Bienenwolf ist unterwegs zur Jagd …

Mitte:
… und hat Erfolg. Er konnte eine Biene überwältigen, die er nun zu seinem Versteck fliegt …

Unten:
… und sorgfältig im Sand der Düne eingräbt

Der Bienenwolf benötigt kleine, offene, sandige Bodenstellen, wie man sie in den Sandheiden nördlich des Steinhuder Meeres findet

Von Eichen, Kiefern, Birken und Buchen – Wald ist nicht gleich Wald

Vor allem nördlich des Steinhuder Meeres wurden auf den trockenen, sandigen Böden anspruchslose Waldkiefern gepflanzt. Die Kiefernforste sind allerdings sehr artenarm

Oben:
Auf den nährstoffreicheren Böden südlich und westlich des Steinhuder Meeres wachsen artenreiche Mischwälder. Die Rotbuche ist hier die häufigste Baumart

Unten:
Pilze sind weder Pflanze noch Tier. Sie übernehmen eine wichtige Funktion zum Beispiel als Zersetzer von heruntergefallenen Ästen

Wälder sind sicher das Erste, was Vielen zum Stichwort Natur einfällt. Bis direkt an das Ufer des Steinhuder Meeres wachsen Wälder, in diesem Fall sind es die sumpfigen Erlenbruchwälder mit dauerhaft nassen Böden. Nicht weit entfernt von der Uferlinie, im Hochmoor, stocken Moorbirkenwälder. Beide Waldtypen wurden oben bereits beschrieben. Nur unwesentlich weiter entfernt vom See wachsen aber auch ganz andere Waldtypen. Sie sind unschwer voneinander zu unterscheiden, und selbst mit verbundenen Augen würde man die Unterschiede feststellen können. Südlich des Sees gedeihen auf den nährstoffreichen und frischen Böden der niedersächsischen Börde und am Fuß der etwa 160 Meter hohen Rehburger Berge, dem nördlichsten Mittelgebirgsausläufer in Deutschland, Stieleichen- und Rotbuchenmischwälder. Zwischen diesen beiden dominierenden Baumarten findet man Bergahorn, Hainbuche, Esche und viele andere Gehölze. Der fruchtbare und meist feuchte Waldboden ist mit einer dicken Laubschicht überdeckt. Das Gesicht dieses Waldes ändert sich im Laufe eines Jahres beträchtlich: Ein saftiges Grün der austreibenden Blätter im Frühling wechselt in ein sattes Sommergrün, und schließlich endet die Farbenvielfalt in einer bunten Herbstfärbung in den unterschiedlichsten Gelb-, Rot- und Brauntönen. Im Winter sind die Zweige der Bäume nackt, und es scheint, als wolle der Wald das Farbenspiel des nächsten Jahres überdenken. Nur wenige Büsche, wie die immergrünen Stechpalmen, an deren weiblichen Pflanzen die leuchtend roten Beeren wachsen, behalten ihr Laub in der kalten Jahreszeit und sorgen dann für bunte Farbtupfer.

Im Sommer ist eine Radtour durch den erfrischend kühlen Laubwald bei Hagenburg eine Erholung

Dort wo der Mensch lange nicht eingegriffen hat, wachsen gelegentlich skurrile Baumfiguren. Die mehrstämmigen Stieleichen lassen darauf schließen, dass man sie in früheren Jahren zur Brennholzgewinnung abgeschlagen hat oder sie einem hohen Weidedruck standhalten mussten wie hier auf der Weißen Düne in Mardorf

Trockene Wälder in der Geestlandschaft

Ganz anders stellen sich die Wälder nördlich des Steinhuder Meeres dar. Sie müssen sich mit den sandigen und trockenen Sandrücken der niedersächsischen Geestlandschaft begnügen. Hier ist Anspruchslosigkeit gefragt. Die Hauptbaumart ist hier die Waldkiefer, die meist in ganzen Kohorten angepflanzt wurde. Sie ist genügsam und wächst auf den trockensten Böden, und zwar relativ schnell. Dazwischen stehen wenige Stieleichen und Sandbirken, denen man die Anstrengungen der Wasserknappheit und Nährstoffarmut oftmals ansehen kann. Dort wo Licht an den Waldboden kommt, gedeihen zaghaft Ebereschen, die wegen ihrer roten und bei Vögeln beliebten Früchte auch Vogelbeeren genannt werden. Den trockenen Boden überdeckt eine Schicht aus Nadelstreu und Kiefernzapfen, und nur wenige Blätter liegen hier und dort. Die Kiefern riechen kräftig harzig und einfach schön waldig. Das Gesicht des Kiefernwaldes überdauert den Winter und nur dort, wo ein hoher Laubholzanteil vorhanden ist, wandelt es sich mehr oder weniger deutlich.

Oben:
Der Hirschkäfer ist der größte unserer heimischen Käfer. Seine Larven wachsen in verrottenden Bäumen und Stubben (meist Eichen) auf. In »sauberen« Forsten ist für ihn kein Platz mehr

Mitte:
Der Grünspecht lebt fast ausschließlich von Ameisen, die er in lichten Wäldern und auf extensiv genutzten Wiesen findet

Unten:
Die immergrüne Stechpalme *(Ilex aquifolium)* kommt vor allem in den Mischwäldern bei Bad Rehburg und Hagenburg vor

Durch die heutige Forstwirtschaft sind die natürlichen Waldtypen in ihrer ursprünglichen Form stark verändert worden. Gehölze wurden angepflanzt, die in unseren Breiten nicht standorttypisch sind, wie etwa die Fichte. Die mancherorts zu sehenden Roteichen, Weymouthkiefern und Douglasien stammen sogar aus Nordamerika.

Dennoch: Obwohl unsere Wälder viel an Natürlichkeit verloren haben, sind sie oft genug Rückzugsgebiete in einer maschinengerecht gestalteten Landschaft, in der Busch und Baum keinen Platz mehr haben.

Kleine, schnell fließende Bäche findet man in den Rehburger Bergen

Eichhörnchen gehören zu den bekanntesten Waldtieren. Sie kommen in unterschiedlichen Waldtypen vor. Besonders häufig sieht man sie auf den alten Eichen am Nordufer

Was kreucht und fleucht im Wald

Die unterschiedlichen Wälder bieten die verschiedensten Lebensbedingungen und beherbergen neben einigen allgemein häufigen Tier- und Pflanzenarten auch eine jeweils waldtypenspezifische Flora und Fauna. In Wäldern, in denen die Stieleiche in alten Beständen vorkommt, finden wir den hübschen, aber seltenen Mittelspecht, der in den rauen Borken und an abgestorbenen Ästen nach Nahrung sucht. Der krähengroße, imposante Schwarzspecht, der größte unter den Spechten, legt seine Höhlen meist in dicken, unverzweigten Stämmen von Rotbuchen und Kiefern an. Dank seiner Kraft ist er in der Lage, seine Höhlen auch in die Stämme gesunder Bäume zu zimmern. Nur dick genug müssen sie sein, der Stammdurchmesser liegt meist bei über einem halben Meter. Der Kleinste und wohl der Heimlichste der Spechtfamilie ist der Kleinspecht. Kaum größer als ein Spatz und mit einem nur schwachen Schnabel ausgestattet, ist er darauf angewiesen, seine Höhlen in toten Stämmen oder Ästen anzulegen. Die Eingangslöcher der Höhlen sind unverwechselbar klein. Beinahe anspruchslos erscheint dagegen der häufige Große Buntspecht. Bei der Wahl seiner Höhlenbäume ist er flexibel, und auch sein Nahrungsspektrum von Bucheckern über Haselnüsse bis zu Insektenlarven und Jungtieren anderer Vogelarten ist das breiteste bei den heimischen Spechten. Als Erdspechte werden die beiden auf den ersten Blick recht ähnlichen Grün- und

Oben:
Große Buntspechte sind die häufigsten Spechte in unseren Wäldern. Der junge Buntspecht hat noch eine komplett rote Kappe

Mitte:
Rotkehlchen gehören zu den Frühaufstehern im Wald. Schon zeitig vor Sonnenaufgang kann man ihren melancholischen Gesang hören

Unten:
Der Eichelhäher gehört zu den Rabenvögeln. Er verrät sich im dichten Wald häufig durch seine heiseren Rääätsch-Rufe

Grauspechte bezeichnet. Sie sind die Ameisenfresser unter den Spechten und ernähren sich nur selten von anderen Kleintieren oder vegetarischer Nahrung. Ersterer verrät sich durch seinen auffälligen Ruf, der an ein schallendes Lachen erinnert, Zweiterer durch eine gepfiffene, abfallende Gesangsstrophe. Der Grünspecht zeigt sich hinsichtlich seiner Ansprüche an den Lebensraum flexibler als der etwas kleinere Grauspecht, der meist Buchenwälder bewohnt, in einer kurzen Episode von 1994 bis 2006 aber auch die Moorbirkenwälder und Erlenbrüche am Steinhuder Meer besiedelte.

Nutzen die Spechte ihre Höhlen nicht mehr, bedienen sich schon bald Nachnutzer. Baummarder verstecken sich in den großen Höhlen des Schwarzspechts, Hohltauben und Rauhfußkäuze brüten sogar darin. Gelegentlich sind die Laute von Fledermäusen aus den verlassenen Spechthöhlen zu hören. So leben Abendsegler und Wasserfledermäuse tagsüber in den Baumhöhlen der Wälder und jagen nachts außerhalb des Waldes. Ähnlich hält es die Waldohreule. Sie brütet in verlassenen Greifvogelhorsten oder Krähennestern, zur Jagd bevorzugt sie aber die offene Landschaft entlang des Waldrandes.

Oben:
Mit ein wenig Geduld kann man im Wald Rötelmäuse beobachten, wenn man dem Rascheln am Waldboden behutsam folgt

Unten:
Den Feuersalamander kennt fast jeder, nur gesehen haben ihn die wenigsten. In den Rehburger Bergen leben heute noch viele der nachtaktiven Lurche

Nachts kommen Fledermäuse aus ihren Verstecken im Wald. Die insektenfressenden Flieger, von denen es am Steinhuder Meer rund ein Dutzend verschiedener Arten gibt, sind heute selten geworden. Besonders selten ist die hier abgebildete Bechsteinfledermaus

Ab Mai bekommen wir auch die kleinen Füchse zu sehen, die im Bau am Waldrand geboren sind. Von Zeit zu Zeit sind sie auch beim Spielen oder Sonnenbaden zu sehen. Auch ein anderes Säugetier lebt vorzugsweise im Schutz des Waldes: das Wildschwein. Das schwerste unserer heimischen Tiere ist meist nachtaktiv. Wühlspuren im Wald und am Waldrand verraten dem aufmerksamen Beobachter jedoch die Anwesenheit des Allesfressers. Wildschweine haben wie in vielen Teilen Deutschlands auch in der Steinhuder-Meer-Region stark zugenommen.

Links:
Wildschweine sind die größten wilden Tiere am Steinhuder Meer. Den Tag verbringen sie meist versteckt in den Wäldern, nachts wechseln sie auf Wiesen und Äcker

Oben:
Die größte heimische Eule mit mehr als 1,5 Meter Flügelspannweite ist der Uhu. In den Wäldern rund um den See brüten sehr versteckt einige Paare der seltenen Vögel

Unten:
Rotfüchse sind in den letzten Jahrzehnten häufiger geworden. Oft sieht man sie sogar tagsüber über Wiesen, Weiden und Äcker laufen

Mitten unter uns – Leben im Dorf

Mardorf aus der Luft. Gut ist der alte Dorfkern abseits des Steinhuder Meeres zu erkennen. Der Ort ist erst nach und nach bis an das Nordufer des Steinhuder Meeres herangewachsen. Die Wochenendhaussiedlungen entstanden größtenteils zwischen 1960 und 1990

Oben:
Die Kirche im Dorf: St. Nicolai in Hagenburg

Unten:
Der typische Vogel im Dorf: der Hausspatz, der Racker

Der Spatz

Ich bin ein armer Schreiber nur,
Hab′ weder Haus noch Acker,
Doch freut mich jede Kreatur,
Sogar der Spatz, der Racker.

Er baut von Federn, Haar und Stroh
Sein Nest geschwind und flüchtig,
Er denkt, die Sache geht schon so,
Die Schönheit ist nicht wichtig.

Wenn man den Hühnern Futter streut,
Gleich mengt er sich dazwischen,
Um schlau und voller Rührigkeit
Sein Körnlein zu erwischen.

[...]

Wilhelm Busch

Ruhe genießen: Der Aloys-Bunge-Platz in Mardorf mit der Touristinfo

So wollen Touristen aus der Stadt ein Dorf erleben: ländliche Idylle mit Haustieren, Obstbäumen und blütenreichen Wiesen in Mardorf

Rund um das Steinhuder Meer liegen eine Reihe Ortschaften, auf die wir bereits im ersten Kapitel zu sprechen kamen. Heute zeigen sie sich mit einem ganz anderen Gesicht als noch vor 50 Jahren. Die früher allgegenwärtigen Bauernhöfe sind weitgehend verschwunden. Heute sind nur noch kleine Teile der stetig gewachsenen Bevölkerung in der Landwirtschaft tätig, die verbliebenen Höfe bewirtschaften große Flächen von mehreren Hundert Hektar. Unbefestigte Wege mit Pfützen, in denen Mehl- und Rauchschwalben Material für ihre Nester an Hauswänden und in offenen Stallungen sammelten, sind Asphaltstraßen gewichen. Hecken aus Hainbuchen oder Weißdorn ersetzen heute moderne Gartenzäune, und die hinter jedem Haus vorhandenen Nutzgärten verschwanden vielerorts zugunsten der leichter zu pflegenden Rasenflächen. Schließlich wurden auch die alten Häuser modernisiert und ausgebaut. Mit diesem Wandel war, wie nicht anders zu erwarten, auch eine Veränderung der Tier- und Pflanzenwelt verbunden. Die moderne Architektur bietet an den Häusern leider keine Schlupflöcher für Fledermäuse, Steinmarder, Schleiereulen, Steinkäuze und Turmfalken mehr. Moderne Gärten mit artenarmen Blumenrabatten, exotischen Gehölzen und kurz geschnittenen Rasenflächen ohne nektarreiche Blütenpflanzen bieten weder Verstecke noch Nistmöglichkeiten oder Nahrung für Insekten und Vögel. Aber vor allem der zunehmende Landschaftsverbrauch an den alten Dorfrändern, wo Neubauviertel die alten Obstwiesen abgelöst haben, hat viele unserer Mitbewohner verdrängt. Der Steinkauz, früher noch der Charaktervogel alter Obstwiesen und hofnaher Weideflächen, ist mittlerweile verschwunden; die Nachtigall singt in den Dörfern nur noch selten, und selbst

Oben:
Die Blaumeise lebt in Gärten, Parks und Wäldern

Mitte:
Der Waldkauz kann auch mitten unter uns im Dorf leben, wenn große Bäume mit Höhlen und Wiesen und Weiden vorhanden sind

Unten:
Der Stieglitz, auch Distelfink genannt, gehört zu den buntesten Dorfbewohnern. Sein Nest baut er am liebsten hoch oben in alten Obstbäumen

Sternenhimmel über der Ökologischen Schutzstation Steinhuder Meer in Winzlar

die früher allgegenwärtigen Spatzen sind lokal rar geworden, sodass größere Trupps für Aufsehen und Begeisterung bei naturinteressierten Mitmenschen sorgen.

In den Dörfern oder in Teilen davon, die noch eine gewisse Naturnähe haben, wird man jedoch bei der Suche nach Tieren und Pflanzen immer noch schnell fündig. Vögel sind vor allem dort häufig, wo alte Baumbestände und dichte Gebüsche wachsen, Schmetterlinge flattern dort im Wind, wo ungemähte Wiesen mit vielen Blumen wachsen. Sehr scheue Dorfbewohner finden wir unter den Säugetieren und Vögeln. Spuren des Steinmarders gibt es zwar in fast jeder Scheune und gelegentlich leider auch unter den Motorhauben der Autos, aber einen Steinmarder zu sehen, ist nicht einfach. Fledermäuse können wir gelegentlich in der Abenddämmerung im Tiefflug über dem Dorfweiher oder entlang von Baumreihen nach Insekten jagen sehen, aber ihre Verstecke sind uns meist unbekannt. Das zierliche Mauswiesel, das wir hin und wieder über die Straße flitzen sehen, zeigt sich uns nur für Sekunden, Näheres über seine Lebensgewohnheiten wissen wir jedoch nicht. Und auch die hübsche hellbraune Schleiereule mit ihrem weißen Gesicht ist meist nur für kurze Zeit im Schein der Straßenlaternen zu erkennen.

Die Schleiereule ist ein heimlicher Dorfbewohner. Den Tag verbringt sie meist versteckt auf Dachböden und in Scheunen. Nachts kann man gelegentlich ihre schrillen, quietschenden Rufe hören

Anders ist das Vogelleben tagsüber in den Bäumen zu erleben. Schwarz schillernde Stare sitzen in Baumspitzen, auf Dachrinnen und Leitungsdrähten und faszinieren mit ihrem Gesang aus quietschenden, trillernden und schwatzenden Lauten. Wenn sie auch im Vergleich zu früher selten geworden sind, so sausen noch heute Schwalben durch die Lüfte. In den Dörfern sind es entweder die langschwänzigen Rauchschwalben mit ihrer braunen Brust oder die etwas kleineren, gedrungener wirkenden Mehlschwalben. Letztere bauen ihre napfartigen Lehmnester an die Außenwände von Häusern, Erstere ihre nicht selbstklebenden Nester in den Ställen der Bauernhöfe oder in den Dielen alter Häuser. Auf den Schornsteinen und Dachfirsten singt in aller Frühe der Hausrotschwanz sein einfaches Lied. Es ist so einfach, dass es häufig spöttisch mit »du f-f-f-f-f-fauler Str-r-r-r- ick« umschrieben wird. Auf manchem Dach klappern heute noch oder sogar wieder Weißstörche (siehe Themenkasten auf Seite 141).

Turmfalken, im Bild ein schlichter gefärbtes Weibchen, brüten auch in den Dörfern auf Dachböden und in Gebäudenischen. In der Ökologischen Schutzstation Steinhuder Meer in Winzlar kann man sogar im Mai und Juni eine Turmfalkenbrut über einen Monitor live miterleben

In manchem blütenreichen Bauerngarten tummeln sich zahlreiche Schmetterlinge, wie der Kleine Fuchs und das Tagpfauenauge. Von dem heruntergefallenen Obst der Apfel- und Birnbäume ernähren sich im Herbst die Admiräle. Sie sind nahezu die größten unserer heimischen Tagfalter. Da wo es naturnahe Gartenteiche gibt, können Frösche und Libellen leben. Manchmal finden sogar Ringelnattern den Weg in die Gärten. Die besonders hübschen grauen oder schwärzlich gefärbten Schlangen mit den gelben Halbmonden am Hinterkopf sind völlig ungefährlich und legen im Juni zuweilen ihre Eier in Komposthaufen ab. Anfang August kann man dann mit ein bisschen Glück die kleinen, kugelschreiberdicken Schlangen im Garten finden, meist aufgerollt wie Lakritzschnecken.

Links oben:
Ungenutzte, »verwilderte« Ecken wie hier am Schloss Landestrost in Neustadt können sich zu artenreichen Oasen für Kleintiere entwickeln. Schade, dass es nicht mehr davon gibt

Links unten:
Lebensraum Mauer: Auch die Fugen in alten Mauern sind wichtige Lebensstätten. Nur dort, wo die Ritzen nicht dicht verschlossen sind, wachsen Zymbelkraut, Mauerraute und Mauerpfeffer

Rechts oben:
Der Kleine Fuchs …

Rechts unten:
… und das Tagpfauenauge sind auf die Blütenpracht am Wegesrand angewiesen. Auf gepflegten Rasenflächen finden sie keine Nahrung mehr

Weißstörche – Adebar lebt am Steinhuder Meer

Auffällige und weitläufig bekannte Dorfbewohner sind Weißstörche. Sie treffen zwischen Ende März und Mitte April aus ihren afrikanischen oder südwesteuropäischen Winterquartieren bei uns ein und beziehen in der Regel wieder ihre alten Nistplätze. Der Storchenbestand hat in Niedersachsen in den letzten hundert Jahren dramatisch abgenommen, von etwa 4.500 auf weniger als 300 Paare in den 1980er Jahren. Nach einer leichten Erholung des Bestandes sind es heute etwa 450, also ein Zehntel der ursprünglichen Brutpaarzahl. In der Nähe des Steinhuder Meeres brüten Störche heute zum Beispiel in Rehburg, Loccum, Winzlar, Hagenburg, Auhagen, Sachsenhagen, Idensen und Neustadt. Ihr Vorkommen und vor allem ihr Bruterfolg hängen vom Nahrungsangebot ab. Manche Paare sind heute nur noch in Jahren erfolgreich, in denen es viele Mäuse zu fangen gibt. In der Nähe üppiger Nahrungsgebiete, wie den Meerbruchswiesen – hier finden die schwarz-weißen Wanderer neben Mäusen auch Frösche und Heuschrecken in großer Zahl –, kann man die »Klapperstörche« mit einem zusätzlichen Angebot an Nisthilfen unterstützen.

In den letzten Jahren konnte man auch in den Wintermonaten immer wieder Weißstörche sehen. Wenn man sie genau beobachtete, konnte man Ringe an ihren Beinen erkennen und ablesen. Bei diesen sogenannten Überwinterern handelte es sich in aller Regel um Vögel aus menschlicher Obhut, die ein natürliches Zugverhalten abgelegt haben.

Für den Weißstorchschutz ist es heute besonders wichtig, natürliche Lebensräume wieder herzustellen oder zu verbessern, damit sich die eindrucksvollen Vögel wieder ansiedeln und selbstständig ernähren können. Das hilft auch zahlreichen anderen Tier- und Pflanzenarten, mit denen die Weißstörche ihren Lebensraum teilen.

Linke Seite oben:
Storchenpaare brüten rund um das Steinhuder Meer wie hier in Neustadt …

Linke Seite unten:
… in Winzlar und …

… auf der Polizeistation in Rehburg

Anhang

Die aufgehende Sonne durchflutet den Morgennebel über den Teichen bei Hagenburg

Wichtige Adressen am Steinhuder Meer und in der Umgebung

Tourist-Info Steinhude,
Meerstraße 2, 31515 Wunstorf,
Tel. 05033/95010, Fax 05033/950120,
E-Mail: touristinfo@steinhuder-meer.de,
Internet: www.steinhuder-meer.de

Tourist-Info Mardorf,
Aloys Bunge-Platz,
31535 Neustadt-Mardorf,
Tel. 05036/92121, Fax 92123,
E-Mail: touristinfo@steinhuder-meer.de,
Internet: www.steinhuder-meer.de

Ökologische Schutzstation Steinhuder Meer (ÖSSM e.V.),
Hagenburger Str. 16, 31547 Rehburg-Loccum, Tel. 05037/9670,
E-Mail: info@oessm.org,
Internet: www.oessm.org

Naturpark Steinhuder Meer,
Infozentrum Steinhude, Am Graben 4-6 (Scheunenviertel),
31515 Wunstorf-Steinhude,
Tel. 05033/939-134, Fax 05033/939-135,
E-Mail: info@naturpark-steinhuder-meer.de,
Internet: www.naturpark-steinhuder.meer.de

Informationsstelle Mardorf,
Aloys-Bunge-Platz,
31535 Neustadt-Mardorf,
Tel. 05036/889

Steinhuder Personenschifffahrt: Steinhuder Motorboot Betriebs GmbH,
Alter Winkel 16, 31535 Steinhude,
Tel. 05033/1721, Fax. 05033/3494,
E-Mail: steinhuder-motorboot@gmx.de,
Internet: steinhuder-personenschifffahrt.de

Wildtier- und Artenschutzstation Sachsenhagen (WASS),
Hohe Warte, 31553 Sachsenhagen,
Tel. 05725/708730,
E-Mail: info@wildtierstation.de,
Internet: www.wildtierstation.de

Die Ökologische Schutzstation Steinhuder Meer in Winzlar beherbergt eine Ausstellung, die wochentags (außer Montag) und im Sommer auch am Wochenende geöffnet ist. Ein gemütlicher Naturgarten lädt zum Verweilen ein

Museum »Festung Wilhelmstein«,
Tel. 05033/1436,
E-Mail: info@wilhelmstein.de,
Internet: www.wilhelmstein.de

Wichtige Naturschutz-adressen

Bund für Umwelt und Naturschutz (BUND), Landesverband Niedersachsen, Goebenstraße 3a, 30161 Hannover,
Tel. 0511/965690,
E-Mail: bund.nds@bund.net,
Internet: www.bund-niedersachsen.de

Naturschutzbund Deutschland (NABU), Alleestraße 36, 30167 Hannover,
Tel. 0511/911050,
E-Mail: info@nabu-niedersachsen.de,
Internet: www.niedersachsen.nabu.de

Führungen

Naturkundliche Führungen unter fachkundiger Anleitung veranstalten die Ökologische Schutzstation Steinhuder Meer (ÖSSM e.V.), der Naturpark Steinhuder Meer (Anschriften siehe oben) und einige Ortsgruppen der Naturschutzverbände BUND und NABU. In der Regel erstellen alle Veranstalter ein gemeinsames Programm, das über die Touristeninfos, die ÖSSM und den Naturpark erhältlich ist.

Natur-Ausstellungen

Im Stationsgebäude der Ökologischen Schutzstation Steinhuder Meer (ÖSSM e.V.) in Winzlar, im Infozentrum des Naturparks Steinhuder Meer in Steinhude sowie im Torfmuseum Neustadt.

Bücher über die Region

- Borges, M., Hrsg. (2008): *Rund ums Steinhuder Meer. Geschichten aus Neustadt, Wunstorf, Sachenhagen und Rehburg-Loccum.* Edition Limosa, Clenze.

- Brandt, T., D. Herrmann, B. Volmer & T. Beuster (2002): *Naturerlebnis Steinhuder Meer – ein Freizeit- und Reiseführer.* Landbuch Verlag, Hannover.

- Brandt, T., C. Jülch & B. Volmer (2003): *Das Steinhuder Meer – Faszination einer Landschaft.* Edition Temmen, Bremen.

- Brandt, T., L. Büttner & H. Küster (2005): *Naturpfad Schaumburg – Landschaft und Natur entdecken.* Hrsg.: Schaumburger Landschaft, Zu Klampen, Springe.

- Brieden, H., H. Dettinger, D. Herrmann, M. Hirschfeld & A. Peters (1996): *Wo's Dörflein traut zu Ende geht ... Radwandern in der Region um das Steinhuder Meer.* Verlag Region und Geschichte, Neustadt.

- Brieden, H., H. Dettinger, D. Herrmann, H. Kister & M. Richter (2001): *Menschen im Toten Moor – Natur- und Sozialgeschichte des Sumpfes am Steinhuder Meer.* Verlag Region und Geschichte, Neustadt.

Einen Blick auf das Steinhuder Meer ermöglicht ein neuer Besuchersteg in Mardorf am westlichen Ende der Promenade

Kunst und Natur an der Strandpromenade in Steinhude. Die Möwe genießt die Aussicht

- Buschmann, H., B. Scheel & T. Brandt (2006): ***Amphibien und Reptilien im Schaumburger Land und am Steinhuder Meer.*** Natur & Text, Rangsdorf.

- Fesche, K. (1998): ***Auf zum Steinhuder Meer – Geschichte des Tourismus am größten Binnensee Niedersachsens.*** Schaumburger Landschaft (Hrsg.). Kulturlandschaft Schaumburg Bd. 2, Verlag für Regionalgeschichte, Bielefeld.

- Ochwadt, C. (1967): ***Das Steinhuder Meer.*** Charis Verlag, Hannover.

- Schaumburger Landschaft, Hrsg. (2000): ***Kulturpfad Schaumburg.*** Kulturlandschaft Schaumburg Band 5, Landbuch Verlag, Hannover.

- Weißköppel, P. (1975): ***Die Vogelwelt am Steinhuder Meer und in seiner weiteren Umgebung.*** Wunstorf.

Stichwortverzeichnis

Schwalben nutzen den Nahrungsreichtum am Steinhuder Meer. Für eine Pause zwischen den Jagdflügen kommt ihnen jede Sitzgelegenheit recht. Links sind kleine Uferschwalben zu sehen, rechts sitzen die größeren Rauchschwalben

Stimmungsvoll senkt sich die Sonne in das Steinhuder Meer

Folgende Seite:
Ruhe genießen: Vor allem früh morgens weht oft kein Lüftchen. Dann strahlt der See eine erholsame Ruhe aus